W0077518

CLARISSA V. REINHARDT

DAS UNERWÜNSCHTE JAGDVERHALTEN DES HUNDES

animal Learn® VERLAG

© 2005 Clarissa v. Reinhardt/
animal learn Verlag, Bernau

Alle Rechte, insbesondere das Recht der Vervielfälti-
gung, Verbreitung und Übersetzung, vorbehalten. Kein
Teil des Werks darf in irgendeiner Form (durch Foto-
kopie, Mikrofilm oder ein anderes Verfahren) ohne
schriftliche Genehmigung reproduziert oder unter Verwendung elektronischer Systeme verarbeitet, verviel-
fältigt oder verbreitet werden.

ISBN 3-936188-23-8

Lektorat: Andrea Clages
Fotos: Annette Gevatter, Anja Birke-Haardt,
Ulrike Hasenmaier-Reimer, Anne Lill Kvam,
Birgit Neumark, Gudrun Hundertmark,
Konrad Dolderer, M. Rohlf, istockphoto
Illustrationen: Jürgen Zimmermann, Stuttgart
Satz & Layout: Annette Gevatter, Großerlach
Druck: Druckerei Mack GmbH, Schönaich

animal learn Verlag, Am Anger 36, 83233 Bernau
email: animal.learn@t-online.de, www.animal-learn.de

DAS – UNERWÜNSCHTE –
JAGDVERHALTEN DES HUNDES

INHALTSVERZEICHNIS

VORWORT

Das Jagdverhalten unserer Haushunde ist zwar in der Regel von uns unerwünscht – daher auch der Titel dieses Buches – aber dennoch in seiner Komplexität faszinierend. Es wird durch Verhaltensweisen bestimmt, die

- genetisch fixiert sind und im Laufe der Ontogenese abgerufen werden,
- von der Natur gegebene Instinkte wachrufen,
- durch Nachahmung erlernt und
- durch Stimmungsübertragung beeinflusst werden,
- häufig, aber wiederum nicht immer, an das Appetenzverhalten gekoppelt sind,
- der Übung bedürfen und
- schließlich auch mit individuellem Talent zu tun haben.

Auch wenn mir vollkommen klar ist, dass wir unseren Haushunden das Ausleben dieser Verhaltensweisen nicht erlauben können, finde ich es doch unglaublich interessant, mit welchen Fähigkeiten sie ausgestattet sind. Ihre Nasenleistung ist legendär, aber auch die anderen Sinne werden genutzt, um Beute aufzuspüren. Dann wird in Sekundenschnelle eine Strategie entwickelt und verfolgt, die dann letztendlich zum gewünschten Jagderfolg führt. Oder auch nicht, wenn das Beutetier entkommt, was den Hund aber nicht gleich aufgeben lässt.

Wenn wir ein geeignetes Trainingskonzept erstellen und erarbeiten wollen, um Hunde unterschiedlichster Veranlagung von diesem Verhalten abzuhalten, müssen wir sie zunächst wirklich verstehen. Wir müssen uns mit der Evolution der Kaniden, ihrem Wesen, ihrem Beuteverhalten, dem Einsatz ihrer Sinne, ihrem Ausdrucksverhalten, mit Rassekunde und vielem mehr auskennen, um im richtigen Augenblick korrigierend einzugreifen.

Dieses korrigierende Eingreifen darf niemals von Gewalt bestimmt sein. Das ist für mich nur in zweiter Linie eine Frage von Wirksamkeit oder eben Nicht-Wirksamkeit von aversiven Ausbildungsmethoden, auf die ich detailliert in dem Kapitel „Trainingsmethoden und ihre Grenzen" eingehe. In erster Linie ist es für mich eine Frage der Fairness und Moral. Ich bin zutiefst davon überzeugt, dass wir einfach nicht das Recht haben, ein Tier für instinktgesteuertes, in evolutionären Prozessen genetisch fixiertes Verhalten zu strafen.

Stattdessen möchte ich Sie mit diesem Buch einladen, sich mit einem faszinierenden, komplexen, aber eben doch auch beeinflussbaren Verhalten unserer Haushunde zu beschäftigen und ein Trainingsprogramm kennen zu lernen, das vollständig auf den Einsatz von aversiven Reizen verzichtet, die Bindung zwischen Ihnen und Ihrem Hund stärkt und Ihnen beiden jede Menge Spaß macht.

EINLEITUNG

Wie schon erwähnt, wird das Jagdverhalten von vielen Verhaltensweisen beeinflusst, viele davon sind genetisch fixiert und werden im Laufe der Ontogenese abgerufen. In der Regel geschieht dies dadurch, dass der Hund Reize wahrnimmt, die das entsprechende Verhalten auslösen. Bei diesen Auslösereizen handelt es sich immer um Dinge, die irgendwie in Bewegung sind, wie zum Beispiel ein vorbeifliegender Schmetterling, ein aufspringender Hase, ein vorbeilaufender Jogger oder auch nur ein Blatt, das vom Wind herumgewirbelt wird. All diese Dinge sind für den Hund weitgehend uninteressant, solange sie sich ruhig verhalten, also nicht loslaufen, rennen usw. Tun sie dies aber, reagiert er instinktiv, indem er ihnen hinterherläuft und versucht, sie zu fangen.

Deshalb benutzen Jäger, die ihre Hunde als Jagdhelfer ausbilden wollen, schon im Welpenalter die so genannte Reizangel. Das ist ein langer Stock, an dem an einem Bindfaden ein Stück Feder oder Fell eines Beutetieres hängt. Das wird an der Reizangel so vor dem Hund hin- und herbewegt, dass dieser sich dafür interessiert. Es entsteht ein „Spiel", während dessen der Gegenstand hochgezogen wird, wieder niederfällt, seitlich ausbricht, davonspringt usw. Der Hund versucht, ihn zu fangen, und gelingt ihm das, wird er gelobt und belohnt.

Haben Sie aber einen Hund, der nicht jagdlich geführt werden soll, sollten Sie genau das tunlichst unterlassen. Das gilt aber nicht nur für eine Reizangel mit einem Stück Fell oder Leder daran, denn einen ganz ähnlichen Effekt erreichen Sie, wenn Sie dem Hund permanent einen Ball oder ein Stöckchen werfen, dem er nachjagt. Er lernt, der „fliehenden" Beute hinterherzulaufen. Ich achte deshalb immer peinlich genau darauf, dass die bei mir im Training befindlichen Welpen und Junghunde nicht *diese Art* von Spiel spielen. Dies gilt insbesondere, wenn sie von der Rasse oder Mischung her schon beste Voraussetzungen für ein ausgeprägtes Jagdverhalten mitbringen. Es ist kein Problem, wenn der Hund mit Gegenständen spielt, sie herumträgt, sich selbst in die Luft wirft und wieder fängt und schließlich auf ihnen einschläft. Aber Beutespiele, bei denen der Hund übermäßig auf den Gegenstand fixiert wird, ihm nachjagt und sich dabei stimmungsmäßig aufheizt, sollten Sie stark begrenzen oder am besten ganz weglassen.

DAS ARBEITEN MIT DER REIZANGEL IST NUR DANN SINNVOLL, WENN DER HUND (WIE DIESER DEUTSCH-DRAHTHAAR-RÜDE) SPÄTER JAGDLICH GEFÜHRT WERDEN SOLL.

Auch andere Verhaltensweisen, die erst viel später mit Ernstbezug gezeigt werden, werden bereits in der Welpenzeit – und zwar schon ab der 6. Lebenswoche – spielerisch ausprobiert und perfektioniert.

Hierzu gehören
- das Belauern/ Anschleichen,
- das Fixieren,
- der „Überfall",
- das Beißschütteln,
- das Wegtragen und Bewachen der Beute.

Der junge Hund lernt aber nicht nur durch eigenständiges Ausprobieren, sondern auch durch Nachahmung von Verhaltensweisen, die er bei seiner Mutter oder anderen erwachsenen Tieren sieht. Deshalb sollten Sie besonders in der Welpen- und Junghundezeit sehr genau darauf achten, dass Ihr junger Hund nicht von einem älteren gezeigt bekommt „wo der Hase lang läuft" – im wahrsten Sinne des Wortes. Selbst wenn Ihr Hund bisher noch nie irgendein Interesse am Wildern gezeigt hat, ja vielleicht sogar gar nicht oder kaum auf Beutetiere reagierte, selbst wenn diese direkt vor seiner Nase hochgingen, dürfen Sie die Gefahr der Stimmungsübertragung nicht unterschätzen. Haben Sie einen Hund in Begleitung, der Spurlaut gebend losprescht, wird der Ihre mit großer Wahrscheinlichkeit mitrennen. Falls dies nicht so ist, haben Sie einfach großes Glück, das Sie hoffentlich zu schätzen wissen. ☺

In freier Natur bringt die Hunde- oder Wolfsmutter den Welpen getötete Beutetiere oder größere Stücke von ihnen, an denen sie üben können, wie sie ihre Pfoten und Zähne am geschicktesten einsetzen, um sie zu halten und zu fressen. Später bringt sie auch lebendige Beute, die durchaus noch in der Lage ist, Fluchtversuche zu unternehmen, um den Welpen „Trainingsmaterial" zu verschaffen. Das mag aus unserer Sicht grausam erscheinen, ist aber für das Überleben in freier Wildbahn enorm wichtig. Ein Hund (oder Wolf), der nicht gelernt hat, Beute zu fangen, zu halten und auch zu töten, wäre nicht überlebensfähig.

Vor ein paar Jahren kamen Kunden zu mir, die einen Hund mit besonderer Vorgeschichte übernommen hatten. Er hatte bis zum Alter von sechs Monaten in einem echten Rudel mit seinen Eltern und Geschwistern gelebt und auch mit ihnen gejagt, und zwar erfolgreich! Die ganze Hundefamilie verschwand stunden- oder auch tagelang in den Tiefen des Bayerischen Waldes und kam anschließend blutverschmiert, zufrieden und satt nach Hause zurück. Die Besitzer fanden es einfach aufregend, echtes Rudelverhalten zu beobachten und ließen ihnen deshalb alle Freiheiten. Natürlich blieben die Tiere auf ihren Streifzügen nicht unbemerkt, und es gab ganz erhebliche Probleme mit der Jägerschaft, die mit dem Abschuss der Hunde drohte. Nachdem sich die Besitzer wenig einsichtig zeigten, veranlasste der Amtsveterinär eine Beschlagnahme aller Tiere, die zunächst in einem Tierheim untergebracht und dann vermittelt wurden. So kamen meine Kunden zu einem dieser Hunde. Leider wurde ihnen bei der Vermittlung aber nicht gesagt, mit welch ausgeprägtem Jagdverhalten sie bei ihm zu rechnen hatten. Es war – vorsichtig ausgedrückt – eine Katastrophe. Der Hund war insgesamt sehr nett und freundlich und Menschen auch durchaus zugetan, denn er war ja nicht nur in der Wildnis aufgewachsen, sondern hatte von klein auf Kontakt mit ihnen gehabt. Auch im Ortsbereich war er noch recht gut zu führen und befolgte einfache Kommandos selbst bei hoher Ablenkung problemlos. Allerdings nur, solange es sich bei der Ablenkung nicht um Beute handelte. Kam er schließlich raus in die Natur, war womöglich noch ein Wald in der Nähe, war es vorbei mit Leinenführigkeit und Grundgehorsam. Er war die ganze Zeit auf Spurensuche, das kleinste Knacken im Unterholz versetzte ihn in Alarmbereitschaft, sichtete er ein noch so kleines Tier wie zum Beispiel ein Eichhörnchen, war er nicht mehr ansprechbar. Er jaulte auf, schrie regelrecht, sprang mit seinen 40 kg Körpergewicht in die Leine, stieg auf die Hinterbeine wie ein Pferd und war außer Rand und Band. Inzwischen ist er zehn Jahre alt und wird allmählich ruhiger. Ihn zu führen, ist aber nach wie vor keine leichte Aufgabe.

Kommen wir zurück zum Lernen durch Nachahmung. Wenn die Welpen etwa vier Wochen alt sind, beginnt das Muttertier, ihnen Verhaltensweisen vorzumachen. Zum Beispiel, indem sie sich mit einem Knochen vor ihnen hinlegt und diesen ausgiebig benagt. Schließlich steht sie auf und entfernt sich, lässt den Knochen aber liegen. Die Welpen, die sie zuvor beobachtet haben, versuchen nun, es ihr gleich zu tun. Durch Versuch und Irrtum (ein weiteres Lernprinzip) finden sie heraus, wie man den Knochen am besten benagt, und perfektionieren die Technik hierzu von Mal zu Mal.

Ähnlich verhält es sich beim Anpirschen und Belauern der Beute. Wenn aus den Welpen Jungtiere geworden sind, begleiten sie die Alten bei der Jagd. Wieder lernen sie durch vorheriges Zusehen und anschließende Nachahmung, durch Ausprobieren und Perfektionieren – und von Mal zu Mal werden sie besser.

Auch individuelles Talent spielt eine Rolle. Übrigens nicht nur in freier Wildbahn, sondern auch bei unseren Haushunden. Während der eine Hund sehr gut darin ist, gefundene Spuren ausdauernd zu verfolgen, ist ein anderer vielleicht weniger talentiert. Ein Jäger wird sich über ersteren freuen, ein ganz normaler Hundebesitzer über zweiteren...

DIE HANDLUNGSKETTE

Das Jagdverhalten besteht aus einer ganzen Kette von Verhaltensweisen. Zunächst muss Beute ausfindig gemacht werden, was wenige Minuten oder auch Stunden oder sogar Tage dauern kann. Das ist abhängig von der Größe des Jagdgebietes, der Populationsdichte der potentiellen Beutetiere, der Jahreszeit und Witterung und vielen weiteren Faktoren. Befindet sich schließlich Beute in unmittelbarer Nähe, wird die Orientierungshaltung eingenommen, bis schließlich Blickkontakt zu ihr hergestellt ist. Als Nächstes folgt das Anpirschen und, falls im Rudel ein großes Beutetier erlegt werden soll, das Einkreisen. Auch dieser Vorgang kann unter Umständen sehr lange dauern. Im Winter besteht eine Jagdstrategie von Wölfen darin, ein großes Beutetier wie einen Elch oder Bison ins Wasser zu treiben und stunden- oder tagelang nicht herauszulassen, bis das Tier so unterkühlt und erschöpft ist, dass es sich bei einem Angriff kaum noch wehren kann. Schließlich folgt der Teil der Handlungskette, der mit hohem Energieaufwand verbunden ist: das Hetzen der Beute, bis sie erreicht ist, um dann anzugreifen, sie zu packen und schließlich zu töten. Darauf folgt das Zerlegen und Konsumieren, ist die Beute groß genug, werden auch Stücke weggetragen und zur Vorratshaltung vergraben.

ÜBERSICHT DER HANDLUNGSKETTE

- **AUFFINDEN DER BEUTE**
- **ORIENTIERUNGSHALTUNG**
- **BLICKKONTAKT ZUR BEUTE**
- **DAS ANPIRSCHEN/ EINKREISEN**
- **HETZEN/ SCHEUCHEN**
- **DER ANGRIFF (ZUPACKEN)**
- **TÖTEN**
- **ZERLEGEN**
- **KONSUMIEREN UND/ ODER WEGTRAGEN UND VERGRABEN (VORRATSHALTUNG)**

DAS TÖTEN/ TÖTUNGSSTRATEGIEN

Es gibt verschiedene Möglichkeiten, ein Beutetier zu töten. Für welche sich ein Hund oder Wolf entscheidet, hängt auch von seiner Größe ab.

KLEINE BEUTETIERE wie zum Beispiel Mäuse, Maulwürfe usw. werden durch den so genannten Mäusesprung getötet. Dabei springt der Hund oder Wolf mit Schwung von oben auf die Beute und bricht ihr dabei in der Regel das Genick oder die Wirbelsäule. Dann wird sie mit den Vorderläufen gehalten, in den Fang gesteckt und gefressen.

MITTELGROSSE BEUTETIERE wie zum Beispiel Hasen werden von oben im Genick gepackt und geschüttelt, auch hier tritt der Tod durch Genickbruch ein.

GROSSE BEUTETIERE wie zum Beispiel Elche, Hirsche usw. sind nur durch gemeinschaftliches Jagen im Rudel oder in der Gruppe zu töten. Die hierzu erforderlichen Jagdstrategien sind bei unseren Haushunden nur noch ansatzweise zu finden. Obgleich man sich manchmal wundert, mit welcher Präzision plötzlich mehrere Hunde instinktiv eine Links- und Rechtsflanke bilden, ein Beutetier einkreisen, Blickkontakt aufnehmen und dann synchron zum Angriff übergehen. Meistens fehlt ihnen hierfür und insbesondere für das Ausführen der Endhandlung, nämlich des Zupackens und Tötens, aber die Erfahrung.

Mir wird häufig von Hunden berichtet, die ein Reh, einen Hasen oder das Meerschweinchen des Nachbarn gehetzt haben und schließlich nichts mit dem Tier anzufangen wussten, wenn sie es irgendwo in die Enge getrieben hatten. Aber verlassen kann man sich darauf natürlich nicht. Abgesehen davon, dass schon das Gehetztwerden einen ganz enormen Stress und große Angst beim gejagten Tier auslöst, was man niemals erlauben sollte. Im Sinne des Tierschutzes finde ich es immer sehr ärgerlich, wenn jemand seinen Hund einem Reh, einem Hasen oder einer Katze hinterherlaufen lässt und dies mit den Worten abtut: „Der kriegt's ja eh' nicht..."

SELBSTBELOHNENDE HANDLUNG

Hierbei ist auch wichtig zu bedenken, dass nicht nur das Erlegen, sondern auch schon das Hetzen der Beute zu den so genannten selbstbelohnenden Handlungen zählt. Mit anderen Worten: Solange man einem Hund erlaubt, den Tieren hinterherzujagen, wenn die Situation ungefährlich erscheint, wird man sein Verhalten niemals unter Kontrolle bringen, wenn man glaubt, heute solle es mal lieber nicht sein, weil der Jäger in der Nähe ist oder eine Straße zwischen dem Hund und dem Beutetier liegt. Die Adrenalinausschüttung während des Hetzens sorgt dafür, dass schon dieses Hetzen allein selbstbelohnend für den Hund ist, selbst wenn er die Beute gar nicht erreicht.

Deshalb ist das Jagen zwar *auch* abhängig vom Appetenzverhalten, *aber nicht nur*. Natürlich ist ein Hund, der wirklich hungrig ist, eher bereit, sich nach Beute umzuschauen, als einer, der zufrieden und satt in der Sonne liegt. Trotzdem werden Sie gut genährte, soeben gefütterte Hunde sehen, die ekstatisch einer Beute nachlaufen – weil eben schon das Hetzen an sich „den Kick" gibt.

RASSEDISPOSITIONEN

Natürlich würde es den Rahmen dieses Buches sprengen, alle Rassen und ihre jeweiligen Eigenschaften vorzustellen. Ich möchte hier nur einige wichtige Punkte in Kurzform zusammenfassen, die für Sie wichtig sein können, um das Verhalten Ihres Hundes richtig einzuschätzen und entsprechend vorbereitet zu sein. Grundsätzlich würde ich Ihnen immer empfehlen, sich eingehend über eine Rasse zu informieren, deren Anschaffung Sie in Erwägung ziehen. Befragen Sie hierzu nicht nur Züchter, da diese häufig dazu neigen, die Vorteile der Rasse anzupreisen und die Nachteile zu verschweigen oder doch zumindest zu verharmlosen. Selbstverständlich gibt es auch Züchter, die wirklich eingehend informieren, doch leider ist dies noch nicht die Mehrheit, und deshalb kann es nicht schaden, auch noch im Internet zu recherchieren und vor allem mit Leuten zu sprechen, die mit einem solchen Hund zusammenleben. Eventuell kann es auch gut sein, einen Tierarzt nach seinen Erfahrungen zu befragen, denn viele Rassen neigen durch Überzüchtung zu bestimmten Krankheiten. Je gründlicher Sie sich informieren, desto besser.

Grundsätzlich können alle Hunde an Beute interessiert sein, aber bei einigen Rassen sind bestimmte Elemente aus dem Jagdverhalten züchterisch selektiert und hervorgehoben worden. Zum Beispiel bei den Retrievern das Beutetragen, bei den Vorstehhunden – wie der Name schon sagt – das Vorstehen vor der Beute, bei den Hütehunden das Belauern, Einkreisen und Vorantreiben.

EIN GOLDEN RETRIEVER IM ARBEITSEINSATZ IST EIN SELTENER ANBLICK GEWORDEN.

EIN JAGDHUND BEIM RASSETYPISCHEN VORSTEHEN MIT KONZENTRIERTEM BLICK AUF DIE BEUTE.

ES IST FAST SCHON IN VERGESSENHEIT GERATEN:

AUCH DIESE TERRIER WURDEN URSPRÜNGLICH FÜR DIE JAGD GEZÜCHTET UND BRINGEN AUCH HEUTE NOCH JEDE MENGE TALENT FÜR DIESE AUFGABE MIT.

Bei den Terriern wurde die so genannte Beuteaggression gefördert. Man wollte Hunde züchten, die klein, wendig und mit großem Mut an die Beute gingen. Allen voran ist hier sicher der Jagdterrier zu nennen, aber auch die anderen Terrier verfügen über ein erstaunliches Potential, mit dem die Besitzer nicht immer umzugehen wissen. Zur Zeit am schlimmsten betroffen sind die West Highland und Jack Russell Terrier, da sie wegen ihres netten Aussehens und ihrer angenehmen Größe vor allem im städtischen Bereich als Familienhunde sehr beliebt und weit verbreitet sind. Wenn der kleine Terrier dann aber mit seinem Temperament ständig am Gartenzaun kläfft und die ganze Nachbarschaft damit stört, die Katze auf den Baum jagt oder seine erlegte Maus gegen alles und jeden verteidigt, dann ist die Überraschung groß...

Dann gibt es Rassen, die ein besonders großes Laufbedürfnis haben, in der Regel sehr schnell sind und dementsprechend große Kreise ziehen. Wenn sich ein solcher Hund zum Beispiel 100 oder sogar 200 Meter weit von Ihnen wegbewegt, ist das in seiner Verständniswelt nicht weit! Er weiß genau, wie schnell er diese Strecke zurücklegen und innerhalb von Sekunden wieder vor Ihnen stehen kann. Würde ein Basset oder Dackel 200 Meter weit voraus laufen, wäre dies

DAS FIXIEREN, ANSCHLEICHEN UND VORWÄRTSTREIBEN WURDE BEI DEN BORDER COLLIES ZÜCHTERISCH SELEKTIERT.

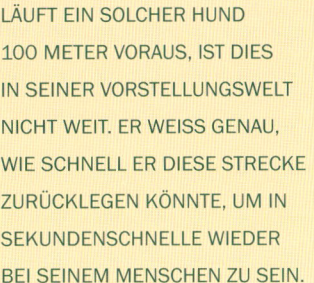

weit – für einen solchen Hund ist es das nicht. Zu diesen Rassen gehören nicht nur die Schlitten- und Windhunde, sondern auch die meisten Jagdhunde wie zum Beispiel Deutsch Kurzhaar, Langhaar und Drahthaar, alle Setter, und viele weitere. Einige der genannten Rassen sind Sprinter, die auf kurzen Strecken hohe Geschwindigkeiten erreichen, andere sind Ausdauerläufer auf lange Distanzen. Während der Trainingszeit sollte bei ihnen unbedingt darauf geachtet werden, dass sie genug Freilauf bekommen, denn sonst sind sie nicht ausgelastet, und es kann zu Problemverlagerungen kommen. Suchen Sie sich entweder eine Hundeschule mit großem eingezäunten Gelände oder fragen Sie bei einem Betriebsgelände oder Sportplatz, ob Sie den Hund gelegentlich dort laufen lassen dürfen, wenn sonst niemand dort ist. Meine Kunden haben damit fast immer gute Erfahrungen gemacht, wenn sie versprochen haben, eventuell abgesetzte Häufchen einzusammeln und sich mit einer kleinen Aufmerksamkeit wie ein paar Blumen, einer Packung Pralinen oder Ähnlichem bedankt haben.

Die Windhunde gehören außerdem zu den Sichtjägern, was bedeutet, dass sie tendenziell eher als andere Rassen auf sich bewegende Objekte, Menschen oder Tiere am Horizont reagieren – und haben sie sich erst in Bewegung gesetzt, sind sie innerhalb kürzester Zeit sehr schnell.

Schließlich gibt es Rassen, bei denen es einen großen Unterschied ausmacht, ob sie aus einer so genannten Leistungszucht stammen oder nicht. Leistungszucht bedeutet im jagdlichen Sinne, dass diese Hunde auch wirklich für die Jagd genutzt werden sollen und dass deren Eltern, Großeltern usw. auch am Wild arbeiten. So ist es ein erheblicher (!) Unterschied, ob Sie zum Beispiel einen Dackel, Beagle, Cockerspaniel, Setter oder Retriever von einem Jäger kaufen oder von einem Züchter, dessen Hunde seit Generationen nicht mehr im jagdlichen Einsatz sind.

LÄUFT EIN SOLCHER HUND 100 METER VORAUS, IST DIES IN SEINER VORSTELLUNGSWELT NICHT WEIT. ER WEISS GENAU, WIE SCHNELL ER DIESE STRECKE ZURÜCKLEGEN KÖNNTE, UM IN SEKUNDENSCHNELLE WIEDER BEI SEINEM MENSCHEN ZU SEIN.

Auch die Mischlinge seien noch kurz erwähnt. Ich werde oft gefragt, ob nicht ein Mischling der gesündeste, anhänglichste und auch jagdlich am wenigsten motivierteste Hund sei. Das ist so pauschal natürlich keinesfalls richtig. Nehmen wir zum Beispiel an, Sie haben einen Mischling aus Beagle (der kann ganz besonders gut riechen) und Setter (der ist sehr lauffreudig und schnell), dann haben Sie einen Mischling aus zwei sehr begabten Jagdhunden – also nicht unbedingt ein Garant für einen geringen Jagdtrieb. Oder nehmen wir an, Sie haben einen Mischling aus Greyhound und Labrador – wieso sollte der weniger jagdlich interessiert, gesünder und anhänglicher sein als seine reinrassigen Eltern? Wenn Sie sich für einen Hund interessieren, der ein Mischling ist, lesen Sie einfach die Rassebeschreibungen der Elterntiere durch, soweit dies bekannt ist, und stellen Sie sich darauf ein, dass er von beiden etwas mitbringt. Wieviel wovon kann Ihnen niemand voraussagen, das werden Sie erfahren, wenn Sie mit dem Hund zusammenleben. Freunde von mir haben übrigens eine Mischung aus Terrier und Dackel – der überhaupt nicht jagdlich interessiert ist und bei Spaziergängen durch Wald und Flur gemütlich neben ihnen herschlurft. Tja, so ist das mit den Mischlingen... ☺

DIE KÖRPERSPRACHE/
DAS AUSDRUCKSVERHALTEN
DES HUNDES

Das Ausdrucksverhalten von Hunden ist unendlich vielfältig und interessant. Die Kopf- und Rutenhaltung, die Stellung der Augen, der Ohren und des Fells, die Körperhaltung, der Blick – all das gilt es zu verstehen und in Beziehung zueinander zu setzen. Eine hoch aufgerichtete Körperhaltung mit intensivem Fokus der Augen auf ein bestimmtes Ziel kann nämlich interessiertes Beobachten (zum Beispiel eines Beutetieres) oder auch Fixieren eines Gegners sein – je nachdem, was anhand der Situation und der anderen Körpersignale zu sehen ist. Auch hier wäre wieder der Rahmen des Buches gesprengt, wenn das gesamte Ausdrucksverhalten des Hundes erklärt werden sollte. Wahrscheinlich braucht es sowieso Jahrzehnte des intensiven Zusammenlebens und Beobachtens, ehe man annähernd alles verstanden hat – vielleicht reicht ein Menschenleben auch gar nicht aus?!

Beschränken wir uns also auf ein paar wichtige Elemente des Ausdrucksverhaltens, auf die Sie achten sollten, um die Situation richtig zu deuten und möglichst effizient in sie eingreifen zu können.

DIESER HÜNDIN SIEHT MAN IHRE ERREGUNG DEUTLICH AN. DIE RUTE STEIL ERHOBEN, EINEN VORDERLAUF LEICHT ANGEWINKELT, DIE NASE ZIELGERICHTET WITTERND IN DER LUFT UND GLEICHZEITIG KONZENTRIERT SCHAUEND – DA KANN DAS BEUTETIER NICHT WEIT SEIN. HIER GILT ES, SCHNELLSTENS IN DIE SITUATION EINZUGREIFEN UND DEN HUND ANZULEINEN.

DER RIESENSCHNAUZER VASCO VERFOLGT MIT TIEF LIEGENDER NASE AUFGEREGT EINE SPUR. DIE HOCH ERHOBENE RUTE ZEIGT DEUTLICH SEINE KONZENTRIERTE ANSPANNUNG. DIESES ABLAUFEN EINER SPUR ERFOLGT MEISTENS BEI ZIEMLICH HOHEM TEMPO, UND MANCHE HUNDE STELLEN DABEI AUCH DAS DECKHAAR IM BEREICH DER SCHULTERBLÄTTER UND DES RÜCKENS AUF, WAS EIN WEITERES ZEICHEN DAFÜR IST, WIE AUFGEREGT SIE SIND.

DER JUNGE MAGYAR-VIZSLA-RÜDE FINDUS
SCHAUT KONZENTRIERT AUF DEN BODEN VOR
SICH. GLEICH WIRD ER ZUM SO GENANNTEN
„MÄUSESPRUNG" ANSETZEN ODER ENTHUSIAS-
TISCH ANFANGEN ZU GRABEN. DURCH SEINE
AUF DEN BODEN GERICHTETE AUFMERKSAMKEIT
KÖNNEN WIR SICHER SEIN, DASS ES SICH UM
EIN KLEINES BEUTETIER WIE ZUM BEISPIEL EINE
MAUS ODER EINEN MAUFWURF HANDELT.

DAS WÄLZEN IM GRAS KANN AUS
UNTERSCHIEDLICHEN GRÜNDEN
GEZEIGT WERDEN. EINIGE HUNDE
LIEBEN ES EINFACH, SICH AM BODEN
ZU SCHUBBERN, ANDERE TUN ES NUR
DANN, WENN SIE DIE LOSUNG EINES
POTENTIELLEN BEUTETIERES FINDEN.

STEHT EIN HUND MIT ANGEWINKELTEM VORDER-
LAUF VOR, VERMUTET ER ENTWEDER EIN BEUTE-
TIER IN DER ANGEGEBENEN RICHTUNG, ODER
ER HAT ES BEREITS GESEHEN.
IN JEDEM FALL SOLLTE MAN IHN ANLEINEN
UND ZUSEHEN, DASS SEINE KONZENTRATION
AUF ANDERE DINGE ODER EREIGNISSE
UMGELENKT WIRD.

HIER SEHEN WIR NOCHMALS DEN RIESEN-SCHNAUZER VASCO, DER MIT ANGESPANN-TER KÖRPERHALTUNG INTERESSIERT AUF WITTERUNG GEHT. ALS DIESE AUFNAHME GEMACHT WURDE, WAREN SOWOHL SEINE BESITZERIN ALS AUCH ICH FROH, DASS ER GERADE ANGELEINT WAR, DENN WIE MAN AN DER GESPANNTEN LEINE SIEHT, HÄTTE ER NUR ALLZU GERN NACHGESEHEN, WAS SICH DORT IM GEBÜSCH VERBIRGT...

DIESE AFGHANENHÜNDIN PIRSCHT SICH VORSICHTIG HERAN. IHRE KÖRPERHALTUNG IST GEDUCKT, SIE BEWEGT SICH LANGSAM, BEINAHE IN ZEITLUPE. SIE IST NOCH JUNG UND UNERFAHREN UND WEISS NOCH NICHT RECHT, WAS SIE MIT DER SITUATION ANFANGEN SOLL. LÄSST MAN IHR DIE MÖGLICHKEIT ZUM ÜBEN, WIRD SIE SCHON BALD ÜBER MEHR ERFAHRUNG IM ERLEGEN VON KLEINEN BEUTETIEREN VERFÜGEN UND ENTSCHLOSSENER HANDELN.

EIN ANDERER JUNGER AFGHANE SCHEUCHT MÖWEN AM STRAND AUF. WINDHUNDE KÖNNEN SPITZENGESCHWINDIGKEITEN VON CA. 100 KM/H ERREICHEN, ALLERDINGS NUR ÜBER KURZE STRECKEN. EINEN GESUNDEN VOGEL ERWISCHEN SIE NATÜRLICH NICHT, WESHALB VIELE IHRER BESITZER DIESES AUFSCHEUCHEN TOLERIEREN.

DIE SINNE IM EINSATZ

Haben Sie schon einmal darauf geachtet, wie Ihr Hund seine Sinne einsetzt? Die meisten Menschen sind überrascht, wenn sie erfahren, dass der Hund zunächst seine Augen, dann die Ohren und erst dann seine stärkste Sinnesleistung, die Nase, benutzt, um Beute ausfindig zu machen. Dabei geht er zunächst auf Witterung, und nur wenn dies erfolglos bleibt, versucht er, eine Spur zu finden, der er nachgehen kann. Der Grund hierfür ist, dass der Hund immer versuchen wird, auf dem Weg zur Beute zu kommen, der den geringsten Arbeitsaufwand erfordert. Denn in freier Wildbahn geht es darum, die zur Verfügung stehende Energie möglichst effizient einzusetzen. Am wenigsten anstrengend ist es also, zunächst einmal nachzusehen, ob ein potentielles Beutetier zu erspähen ist. Auch der

Einsatz der Ohren, um zum Beispiel ein Rascheln oder Knacken im Unterholz zu hören, erfordert keine übermäßige Anstrengung und nur wenig Energieverbrauch. Am meisten gefordert ist der Hund, wenn er konzentriert einer Spur folgt, und zwar insbesondere dann, wenn diese schon einige Stunden oder Tage alt ist und durch schwieriges Gelände führt.

Beobachten Sie Ihren Hund also sorgfältig. Wann haben Sie das Gefühl, dass er sich nach Beute orientiert? Genau jetzt wäre nämlich der richtige Zeitpunkt, ihn entweder anzuleinen oder mit einer Aufgabe zu beschäftigen. Welche Aufgaben das sein könnten und welche Kommandos Sie am sinnvollsten einsetzen können, lesen Sie im nächsten Kapitel über das Training.

OHREN (HÖREN)

AUGEN (SEHEN)

NASE (RIECHEN)

ZUNGE (SCHMECKEN)

HAUT, TASTHAARE (FÜHLEN)

DAS TRAINING

In dem folgenden Teil des Buches stelle ich Ihnen das Training vor, mit dem ich seit vielen Jahren arbeite und mit dem ich bei den meisten Hunden zum gewünschten Trainingserfolg gekommen bin. Bei der Umsetzung gibt es einiges zu bedenken:

○ Das Trainingsprogramm besteht aus vielen einzelnen Elementen, die meiner Erfahrung nach nur in der Summe zum gewünschten Erfolg führen. Mit anderen Worten: Mit Nasenarbeit oder dem kommunikativen Spazierengehen allein werden Sie Ihren Hund nicht vom unerwünschten Jagdverhalten abbringen. Insbesondere nicht, wenn der Jagdtrieb stark ausgeprägt ist. Beachten Sie aber alle – oder zumindest die meisten – dieser Punkte, werden sich schnell die ersten Trainingserfolge einstellen.

○ Erwarten Sie von sich und Ihrem Hund keine Wunder! Dieses Training erfordert Einfühlungsvermögen, Geduld, Konsequenz, Voraussicht und letztendlich auch Erfahrung. All das ist nicht von heute auf morgen zu erreichen. Gehen Sie nicht zu verbissen an die Sache heran. Geben Sie sich und Ihrem Hund Zeit und haben Sie Spaß zusammen!

○ Stellen Sie sich darauf ein, dass es Rückschläge geben wird. Vor allem dann, wenn Sie nach den ersten kleinen Trainingserfolgen zu schnell zu leichtsinnig werden.

○ Führen Sie ein Trainingstagebuch. Wenn Sie genau aufschreiben, was wann trainiert wurde und wie der Hund darauf reagiert hat, finden Sie schneller die Fehlerquellen, wenn eine Übung mal nicht zum gewünschten Erfolg geführt hat. Das Trainingstagebuch hat sich schon oft als wertvolle Hilfe erwiesen, wenn es darum ging, diese Fehlerquellen zu finden. Zusätzlich setze ich es gerne ein, wenn ein Hundebesitzer verzweifelt und glaubt, sein Hund mache gar keine Fortschritte, denn beim Rückwärtsblättern im Tagebuch wird in der Regel schnell klar, dass sich das Verhalten des Hundes sehr wohl schon verbessert hat.

GRUNDLAGEN ZUM TRAINING

DIE EIGENE KÖRPERSPRACHE

Wenn Sie mit Ihrem Hund unterwegs sind und auf Wild treffen, ist es wichtig, dass Sie ruhig bleiben und nicht über Ihre Körpersprache Spannung aufbauen. Wenn Sie zum Beispiel Rehe sichten und erschrocken zusammenfahren oder sofort die Leine ruckartig herannehmen, so wird dies für den Hund zum untrüglichen Zeichen dafür, *dass* Wild in der Nähe ist.

Das Gleiche gilt, wenn Sie in ständiger Erwartung, dass Beutetiere auftauchen könnten, ständig um sich schauend herumschleichen. Aus Sicht des Hundes verhalten Sie sich so, als seien Sie *auf der Suche nach Beutetieren*. Oft genug habe ich während des Trainings Hundeführer beobachtet, die unsicher und mit ständig suchendem Blick durch den Wald oder über die Felder liefen – und dabei genauestens von ihren Hunden beobachtet wurden. Sobald der Mensch dann stehen blieb oder angestrengt in eine Richtung schaute, wurde dies vom Hund registriert und sofort überprüft, ob irgendwo lohnenswerte Beute entdeckt wurde.

Ein weit verbreiteter Fehler ist es auch, dem Hund hinterherzurennen, nachdem er bereits durchgestartet ist. Der Hund kann das leicht missverstehen: „Oh, toll, mein Mensch rennt mit, wir jagen gemeinsam..."

EINE ENTSPANNTE KÖRPERHALTUNG UND RUHIGE AUSSTRAHLUNG VERMITTELN SOUVERÄNITÄT UND GELASSENHEIT, DIE SICH AUCH AUF DEN HUND ÜBERTRAGEN.

DER RICHTIGE EINSATZ DER STIMME

Der richtige Einsatz der Stimme ist enorm wichtig. Nicht ohne Grund sind die Wörter Stimme und Stimmung vom Wortstamm her verwandt. Über Ihre Stimme können Sie die unterschiedlichsten Stimmungen vermitteln – bewusst oder unbewusst. Also gilt auch hier: Wenn Sie ein Beutetier entdecken, rufen Sie den Hund nicht mit aufgeregter Stimme, werden Sie nicht hektisch, sondern bleiben Sie vollkommen ruhig und rufen Sie so ab, als sei gar nichts Besonderes.

Wenn Sie laut und eventuell noch mit sehr aufgebrachter Stimme rufen, signalisieren Sie Ihrem Hund nur die Außergewöhnlichkeit des Augenblicks. Sofort wird er sich umschauen, was denn so besonders ist.

Von Vorteil ist es hingegen, eine ruhige und dabei leise Stimme einzusetzen, wenn Sie die Aufmerksamkeit Ihres Hundes auf sich ziehen wollen. Das kommt daher, dass Hunde im genetisch fixierten Verhaltensrepertoire gespeichert haben, sehr konzentriert auf leise Töne zu achten. Weshalb? Weil sich Beutetiere in der Regel leise verhalten. Denken Sie an das Rascheln des Laubes, wenn eine Maus sich ihren Weg durch die Blätter sucht, das Knacken der Äste, wenn ein größeres Beutetier durch das Dickicht läuft, usw. Nun kommt das leise Geräusch von Ihnen, und das bedeutet, dass sich Ihr Hund konzentriert in Ihre Richtung orientieren wird. Probieren Sie es aus, Sie werden überrascht sein, wie gut es funktioniert. Wenn Ihr Hund ein Stück vor Ihnen läuft, erzeugen Sie mit Ihrer Stimme ein leises Geräusch, wie zum Beispiel einen Zischlaut. Wenn Ihr Hund sich erstaunt umschaut, um herauszufinden, woher dieses Geräusch kommt, loben Sie ihn und halten Sie ihm ein Leckerchen hin. Dann treten Sie auf einen kleinen Ast, so dass dieser knackt. Sobald Ihr Hund sich fragend umschaut, wer oder was dieses Geräusch verursacht hat, beziehen Sie ihn wieder durch das verbale Lob und anschließende Lecker-

chen auf sich. Dann rascheln Sie in einem von ihm unbemerkten Augenblick im Laub, machen wieder ein Geräusch wie einen kleinen Pfiff oder Ähnliches. Wann immer Ihr Hund sich fragend umschaut, woher dieser Ton nun wieder kam, beziehen Sie ihn durch das verbale Lob und das Leckerchen wieder auf sich. Schon bald haben Sie einen Hund, der bei jedem Geräusch erst mal zu Ihnen schaut.

Wichtig bei dieser Übung: Übertreiben Sie es nicht! Diese kleinen Geräusche müssen einen Überraschungseffekt haben und sollten deshalb nur selten auftreten. Trainieren Sie diesen Part zu oft, gewöhnt sich Ihr Hund daran, dass Sie halt immer irgendwelche Töne und Geräusche produzieren, und schaut sich nicht mehr fragend um, sondern geht seiner Wege.

DIE MOTIVATION ZUM JAGEN STEHT IM ZUSAMMENHANG MIT DEM APPETENZVERHALTEN

Da die Motivation zum Jagen auch vom Appetenzverhalten gesteuert wird, sollten Sie dafür sorgen, dass Ihr Hund nicht ständig hungrig ist. Das soll natürlich nicht bedeuten, dass Sie ihn dick und rund füttern sollen, weil er immer etwas bekommt, wenn er signalisiert, Hunger zu haben. Und es heißt auch nicht, dass ein überfütterter, dicker Hund nicht wildert.

Ein Beispiel soll Ihnen verdeutlichen, was ich meine. Vor ein paar Jahren rief mich eine Bäuerin an und bat mich um Rat, weil Ihre Schäferhündin so furchtbar jage. Schon mehrfach hatte sie den Hühnerstall des Nachbarn praktisch leergeräumt, und es gab schon erheblichen Ärger sowohl mit dem Nachbarn als auch mit ihrem Mann deswegen, der sowieso gegen die Anschaffung des Hundes gewesen war. Ich fragte, wie oft sie das denn schon getan habe, und mir wurde geantwortet, in den letzten Wochen sei es acht (!) Mal vorgekommen. Anfangs habe sie nur ein oder zwei Hühner getötet, inzwischen töte sie alle, die herumliefen und die sie erwischen könne. Kaum habe der Nachbar neue Hühner in seinen Hof gesetzt, sei die Hündin auf der Pirsch. Sie überwinde dabei einen ziemlich hohen Zaun, und auch erhebliche Prügel würden sie nicht abhalten, es immer wieder – mit Erfolg! – zu versuchen. Es nütze nicht einmal, sie einzusperren, da sie immer wieder einen Weg nach draußen finde. In den Zeiten, in denen es keine Hühner gab, lief sie in den Wald und organisierte sich dort Nahrung, schon oft genug kam sie mit Beute im Fang zum Hof zurück.

Jetzt war mein Interesse geweckt, und ich entschloss mich zu einem Hausbesuch, um mir die Situation vor Ort anzusehen. Es schien mir doch sehr ungewöhnlich, dass die Hündin, die genau wusste, dass sie bei ihrer Rückkehr nichts Gutes von ihren Menschen zu erwarten hatte, mit der Beute im Fang zum Hof zurückkam, statt diese entweder einfach liegen zu lassen oder, falls sie Hunger hatte, draußen im Wald zu verzehren.

AUFGRUND IHRER GRÖSSE UND IHRES LEICHT AUSZULÖSENDEN FLUCHTVERHALTENS WERDEN HÜHNER VON DEN MEISTEN HUNDEN ALS BEUTETIERE ANGESEHEN.

Als ich am Hof ankam, wurde ich zu einem Zwinger geführt, in dem die Hündin eingesperrt worden war. Was ich sah, erklärte die Situation schnell und unmissverständlich: Ich sah eine sehr abgemagerte Hündin, die sechs Welpen hatte. Die Futterschüsseln waren alle leer, und auf meine Nachfrage und nach einigen Ausreden gaben die Bauern schließlich zu, die Hündin nur mangelhaft mit Futter zu versorgen. Deshalb *musste* sie auf die Jagd gehen und Nahrung heranschaffen, es ging um das Überleben ihrer Kinder!

Ich erklärte den Leuten, dass sie durch ihr Verhalten die Hündin regelrecht gezwungen hatten, Beute zu machen – sei es beim Nachbarn oder im Wald – und dass wir dieses Verhalten mit Sicherheit nicht in den Griff kriegen würden, solange sie nicht vernünftig gefüttert würde. Auf meine Nachfrage bestätigten mir die beiden auch, dass die Hündin nie zuvor gewildert hatte, sondern erst, seit sie die Welpen hat, was meine Theorie zusätzlich untermauerte, denn früher konnte sie überall im Hof herumlaufen und interessierte sich in keinster Weise für die Hühner des Nachbarn. Daraufhin entbrannte ein wildes Wortgefecht zwischen den Eheleuten über den Sinn und Unsinn der Hundehaltung, dass der „blöde Köter" nur Ärger mache und Kosten verursache und dass es noch gar nicht sicher sei, ob man für die Welpen auch Käufer finden würde, es wohl das Beste sei, sie zu erschießen usw. usw. usw.

Aus all dem wurde mir vor allem eines klar: Sowohl die Hündin als auch ihre Welpen brauchten Hilfe. Ich malte den Leuten in den schillerndsten Farben aus, welch großer Ärger in der Nachbarschaft und überhaupt auf sie zukäme, wenn die Hündin den Hühnerstall wieder leer räumte – was sie sicher tun würde – und dass es sich hierfür doch nicht lohnen würde, einen Nachbarschaftskrieg vom Zaun zu brechen. Außerdem sei der Markt für Welpen gerade jetzt in Zeiten der Hundefeindlichkeit sehr schlecht, und Schäferhunde wolle schon gar keiner haben.

Die Geschichte endete damit, dass die Hündin und ihre Welpen mit mir kamen. Ich brachte sie bei Freunden im Gartenhäuschen unter, sie wurden anständig gefüttert, liebevoll umsorgt und konnten auf dem Rasen des gut eingezäunten Grundstücks toben. Als die Welpen alt genug waren, haben wir sie vermittelt. Die Schäferhündin erhielt einen neuen Namen, zog ins Haus um und blieb bei meinen Freunden. Ihr Jagdtrieb ist dank Training und vorausschauender und achtsamer Führung unter Kontrolle, es kam zu keinen Zwischenfällen mehr.

AGIEREN STATT REAGIEREN

Das Ende dieser Geschichte bringt uns gleich zu einem weiteren wichtigen Punkt, den Sie beachten sollten: Agieren Sie, statt zu reagieren. Das klingt einleuchtend und einfach, ist es aber nicht immer. Grundsätzlich ist sicher jedem klar, dass man den Hund möglichst schon in den Ansätzen des unerwünschten Jagdverhaltens stoppen oder ihn – noch besser – gar nicht erst in Situationen bringen sollte, in denen er die Gelegenheit bekommt, es auszuleben und somit weiter zu perfektionieren. Vergleichen Sie hierzu auch weiter unten den Abschnitt über das kommunikative Spazierengehen.

Allerdings ist es uns Menschen nicht immer möglich, potentielle Beutetiere *zuerst* wahrzunehmen und entsprechend in die Situation einzugreifen. Gehen wir auf die Umgebung konzentriert spazieren, so können wir eventuell schneller darin sein, das Reh oder den Hasen zu sehen. Aber beim Hören oder Riechen der Beute können wir beim besten Willen nicht mit den Sinnesleistungen unserer Hunde mithalten. Mit anderen Worten: Auch wenn wir sehr aufmerksam sind, wird es uns nicht immer gelingen, das Beutetier zuerst wahrzunehmen. Deshalb sollten Sie Ihren Hund in Gebieten, in denen mit dem Auftauchen von Wild, Katzen, Hühnern oder anderen Beutetieren zu rechnen ist, immer an der Leine führen.

DIESE KATZE SCHAUT KONZENTRIERT ZU EINEM HUND, DER IN EINIGER ENTFERNUNG ÜBER DIE WIESE LÄUFT. ZU RECHT, DENN DIE MEISTEN HUNDE JAGEN KATZEN, VOR ALLEM, WENN DIESE IN BEWEGUNG SIND.

FUTTERBELOHNUNG

Der richtige Einsatz der Futterbelohnung ist von entscheidender Bedeutung für den Trainingserfolg. Grundsätzlich gibt es einige wichtige Punkte zu beachten:

○ Die Futterbelohnung gibt es wirklich nur für richtig ausgeführte Handlungen. Es geht nicht darum, den Hund ständig mit irgendwelchen Leckerchen voll zu stopfen, weil er gerade so süß ist oder man nicht weiß, wie man sonst seine Aufmerksamkeit erlangen kann.

○ Wenn Sie eine Übung neu aufbauen, belohnen Sie jeden einzelnen Arbeitsschritt, bis der Hund den gesamten Ablauf verstanden hat. Dann belohnen Sie immer erst am Schluss der Handlung. Schließlich belohnen Sie in einem variablen (für den Hund nicht durchschaubaren) Muster mit Leckerchen, die anderen Male loben Sie ihn oder lassen ihn irgendetwas tun, was er gerade gern tun möchte. Man weiß aus der Verhaltensforschung, dass diese so genannte „intermittierende Belohnung" die höchste Motivation auslöst. Übrigens nicht nur bei Hunden, sondern auch bei uns Menschen.

Auch hier soll wieder ein Beispiel erklären, wie es funktioniert. Ich habe mehrere Pferde, die in einem Stall eingemietet sind. Gelegentlich helfe ich der Inhaberin des Stalles bei irgendwelchen kleineren Arbeiten, und eines Tages legte sie mir als „Dankeschön" ein Stück Schokolade in meinen Schrank. Ich fand es und freute mich natürlich sehr. Als ich am nächsten Tag in den Stall kam, hatte sie wieder ein Stück Schokolade für mich deponiert, diesmal war es an der Heugabel befestigt, mit der ich morgens das Futter für die Pferde verteile. Ich war überrascht und ganz gerührt von dieser netten Idee. Als ich am dritten Tag in den Stall kam, war ich schon in der freudigen Erwartung, dass vielleicht wieder irgendwo ein Stück Schokolade auf mich wartete, und tatsächlich fand ich es, diesmal kunstvoll an den Wasserhahn geknotet. So ging das einige Tage, bis ich schließlich mit dem Gedanken in den Stall fuhr, wo ich wohl heute etwas finden würde. Am sechsten oder siebten Tag, als ich mich gerade daran „gewöhnt" hatte, immer irgendwo ein Stück Schokolade zu finden, fand ich keines mehr! Ich war zunächst etwas enttäuscht, fuhr am nächsten Tag aber mit um so mehr Spannung zum Stall, ob und, falls ja, wo ich *heute* etwas finden würde. In diese Gedanken vertieft, musste ich plötzlich sehr lachen. So funktioniert also intermittierende Belohnung dachte ich – wenn ich *immer* etwas bekomme, wird es bald zur Selbstverständlichkeit, wenn ich nie etwas bekomme, habe ich keinen Anreiz, weiterhin gute Leistung zu zeigen. Es ist wirklich genau wie bei den Hunden.

Wichtig: Wenn Sie sich im variablen Belohnungsschema befinden, sollten Sie bei den Gelegenheiten, bei denen es kein Leckerchen gibt, unbedingt loben, damit der Hund trotzdem weiß, dass er seine Sache gut gemacht hat.

○ Suchen Sie Leckerchen aus, die Ihr Hund wirklich gerne mag. Das ist nicht unbedingt das, was Sie glauben, was er mag. Fragen Sie ihn, was er wirklich möchte. Wie Sie das anstellen sollen? Ganz einfach. Nehmen Sie vier oder fünf verschiedene Dinge, von denen Sie glauben, dass Ihr Hund sie mag, zum Beispiel Wurst, Käse, Trockenfutter, ein Stück Pfannkuchen, ein paar Nudeln oder was auch immer. Bieten Sie dem Hund eine Sorte in der linken und eine andere in der rechten Hand an. Achten Sie darauf, welcher Hand er sich interessierter zuwendet, was er lieber möchte. So probieren Sie alle Sorten durch, bis Ihr Hund ein oder zwei ausgesucht hat, die er am liebsten mag. Diese benutzen Sie im Training.

Ich finde es immer sehr enttäuschend, wenn Hundebesitzer einfallslos beim Vorbereiten der Leckerchen sind und einfach etwas Trockenfutter in die Tasche stecken, um *irgendetwas* dabei zu haben. Wenn Sie jeden Tag Nudeln zu essen bekommen, und nun schenkt Ihnen jemand für eine gute Leistung, die Sie erbracht haben, Nudeln. Wie finden Sie das? Wären Ihnen Pralinen nicht lieber?! Und was von beiden würde Sie mehr motivieren...?!

◉ Wenn Ihr Hund eine Übung besonders gut gemacht hat, geben Sie den „Jackpot". Das bedeutet, dass er von seinen allerliebsten Leckerchen mehrere hintereinander bekommt – der Genuss also besonders lange anhält. Ich trainierte vor ein paar Wochen mit einer jungen Hündin in einem Waldgebiet, das sehr dicht mit Rehen, Dachsen, Füchsen und vielen weiteren Tieren bevölkert ist. Sie hatte bereits gelernt, sich auf Kommando hinzusetzen, wenn eines dieser Tiere auftauchte, aber an diesem Tag zeigte sie erstmalig, dass sie die Aufgabe grundsätzlich verstanden hatte: Als wir um eine Kurve bogen und dort Rehe auf einer Wiese sahen, setzte sie sich *selbstständig* hin und schaute zu uns herüber! Super, Jackpot!

◉ Lassen Sie sich nicht von Leuten verunsichern, die der Meinung sind, der Hund solle gar keine Leckerchen bekommen, weil er schließlich für seine Menschen arbeiten solle und nicht für das Futter. Die Futtergabe ist eine ganz natürliche Form der Belohnung, denn auch in der freien Natur zeigen Hunde (oder ihre Vorfahren, die Wölfe) Handlungen, um an Nahrung zu kommen. Richtig eingesetzt ist sie von großem Nutzen, und ich habe absolut nicht den Anspruch an meinen Hund, dass er ausschließlich für mich arbeitet. Im Gegenteil, das würde ich fast schon als anmaßend empfinden. Ich habe mir Gedanken darüber gemacht, was Menschen zu solchen Aussagen treibt. Ist es vielleicht der urinnerste Wunsch des Menschen, wenigstens von einem Lebewesen auf dieser Welt nur um seiner selbst Willen geliebt zu werden? Warum glauben wir, von

unserem Hund etwas verlangen zu können, was wir in unseren Beziehungen nicht bereit zu geben sind? Auch wir lieben nicht bedingungslos. Leben Sie mit einem Menschen zusammen, der Ihnen keinerlei Vorteile verschafft, weder emotional, noch finanziell, noch vom Ansehen, noch sonst irgendwie? Wir alle sind doch auf der Suche nach unserem ganz persönlichen Vorteil – was gesellschaftlich akzeptiert und sicher auch in Ordnung ist. Ich möchte ganz sicher nicht mit einem Partner (sei der zwei- oder vierbeinig) zusammenleben, wenn mir das *nichts* bringt.

Die vielleicht interessanteste Variante dieses Themas ist die Bemerkung einiger Hundebesitzer: „Ja, der ist halt bestechlich", wenn der Hund ein Leckerchen von mir angeboten bekommt und auch nimmt. Der Vorwurf der Bestechlichkeit ist ja nicht gerade ein Kompliment. Meine Gegenfrage ist dann in der Regel: „Wenn Sie den ganzen Monat arbeiten gehen und dann am Ende des Monats Ihr Gehalt bekommen, sind Sie dann bestechlich? Oder anders herum gefragt – wenn Sie den ganzen Monat arbeiten gehen, und Ihr Chef bietet Ihnen dafür Geld an, und Sie lehnen dies ab, beweisen Sie dann, einen besseren Charakter zu haben als Ihr Kollege, der sein Gehalt annimmt?" Die Antwort ist meist: „Ja, wenn man es so sieht..." Ja, so sehe ich das. Es ist völlig in Ordnung, wenn der Hund für gut erbrachte Leistungen eine angemessene Belohnung erhält.

DAS EINBRINGEN VON ABLENKUNGSREIZEN

Lassen Sie sich keinesfalls auf den Tipp ein, den Hund durch das gezielte Einsetzen von starken Ablenkungsreizen zum unerwünschten Verhalten zu verleiten, um dann strafend eingreifen zu können. Es ist in keiner Weise sinnvoll und vor allem auch nicht fair, den Hund zum Ungehorsam zu „verführen", um ihn dann dafür zu strafen, dass er die ihm gestellte Aufgabe nicht schafft. Stellen Sie sich vor, man würde Schulkinder so unterrichten: Ständig würde ihnen eine Aufgabe in der Absicht gestellt, sie scheitern zu lassen, um sie dann strafend zu korrigieren. Sie würden über die Dummheit eines solchen Lehrers sicher den Kopf schütteln.

Wenn Sie mit dem Training beginnen, so tun Sie dies in einer Umgebung, die wenig oder gar keine Ablenkungsreize bietet. Erst wenn Ihr Hund die Übungen grundsätzlich verstanden hat und in ruhiger Umgebung sicher ausführt, beginnen Sie damit, die Ablenkungsreize *behutsam* zu steigern. Verlangen Sie dabei nicht zu viel auf einmal, erwarten Sie nicht das Abitur gleich nach der ersten Klasse der Grundschule. Sie müssen lernen, ein guter Lehrer zu sein – und das bedeutet, dass Sie die Aufgaben im Schwierigkeitsgrad so allmählich steigern, dass Ihr Hund möglichst keine Fehler macht, sondern von einem kleinen Erfolg zum nächsten geht.

Wie Sie das machen und welche Übungen hierfür besonders geeignet sind, lesen Sie auf den folgenden Seiten.

NACHDEM DIESE BEIDEN HUNDE ZUNÄCHST IM EINZELTRAINING IN REIZARMER UMGEBUNG AUSGEBILDET WURDEN, BEHERRSCHEN SIE IHRE ÜBUNGEN NUN AUCH ZU ZWEIT AUF EINEM SPAZIERGANG AM WALDRAND.

KOMMUNIKATIVES SPAZIERENGEHEN ALS SCHLÜSSEL ZUM TRAININGSERFOLG

Wenn wir mit unserem Hund spazieren gehen, sollten wir darauf achten, dass wir auch wirklich *gemeinsam* unterwegs sind. Häufig ist es so, dass der Mensch seinen eigenen Gedanken oder Gesprächen nachgeht, während auch der Hund "seine Sachen" macht. Er schnüffelt, pinkelt, rennt ein Stück, buddelt, klettert auf irgendetwas rauf und wieder runter, findet einen so wertvollen Schatz wie einen alten Knochen, spielt mit anderen Hunden, läuft weiter – während sein Mensch ihn oft nur dann anspricht, wenn er entweder ein Kommando oder ein Verbot an ihn richtet. So lernt der Hund schnell, sich von seinem Menschen fern zu halten und seine eigenen Wege zu gehen.

Auch vom Hund gesuchte Blickkontakte oder Berührungen werden von uns oft nicht beantwortet, meist nicht einmal bemerkt. Stellt der Hund diese dann schließlich ein, heißt es, er habe keine gute Bindung zu seinem Menschen.

Wie können wir das ändern?
Und warum ist das wichtig?

Beobachten Sie einmal zwei oder mehrere Hunde, die zusammen spazieren gehen. Ihnen wird auffallen, dass die Tiere immer wieder Kontakt miteinander aufnehmen. Allerdings ganz anders, als wir Menschen es untereinander tun.

Wenn zwei oder mehrere Menschen mitelnander spazieren gehen, so reden sie in der Regel viel miteinander. Die Kommunikation zwischen ihnen ist zu einem ganz wesentlichen Bestandteil von der Sprache bestimmt, zusätzlich wird das Gesagte durch Gestik und Mimik unterstrichen.

Bei Hunden ist das anders. Ihre Kommunikation ist im Wesentlichen von Blickkontakten und der so genannten taktilen Kommunikation, also über Berührungen bestimmt. Natürlich findet auch ein Austausch über Bellen, Fiepen, Winseln, Jaulen und viele weitere Laute statt, die Hunde benutzen, um sich gegenseitig

MEINE HÜNDIN JULE STRAHLT MICH VOLLER BEGEISTERUNG ÜBER DEN TOLLEN SPAZIERGANG AN.

mitzuteilen. Aber insgesamt macht die Lautgebung einen wesentlich geringeren Bestandteil der Kommunikation aus als beim Menschen.

Zusätzlich gilt zu bedenken, dass Hunde den Sinn unserer Worte meistens nicht verstehen. Natürlich können sie lernen, dass die immer gleichen Redewendungen, im immer gleichen Tonfall gesprochen und mit immer gleichem Kontext angewendet, das immer Gleiche bedeuten. Jeder Hund lernt innerhalb kürzester Zeit, Sätze wie "Möchtest Du Gassi gehen?!" oder "Möchtest Du jetzt Deinen Gute-Nacht-Keks?!" oder "Ich komme gleich wieder!" inhaltlich zu verstehen. Aber Wortsalven wie "Ich habe Dir doch schon 100-mal gesagt, dass Du dem Hasen nicht nachlaufen sollst, dann bist Du gar nicht artig und ein böser Hund, und ich habe Dich dann gar nicht mehr lieb..." verstehen sie natürlich nicht.

Wir können einem Hund also nicht wirklich unsere Sprache beibringen, aber wir können mit etwas Aufmerksamkeit und Achtsamkeit Teile der ihren lernen! Und wir können lernen, über gemeinsame Aktionen in Kommunikation mit ihnen zu sein. Das macht nicht nur Spaß, sondern schafft eine außerordentlich starke Bindung. Diese Bindung ist eine der Grundvoraussetzungen für eine Abrufbarkeit unter starker Ablenkung, wie zum Beispiel der eines Rehs auf einer Wiese oder eines Haken schlagenden Hasen auf dem Feld.

Welche gemeinsamen Aktionen Ihnen und Ihrem Hund besonders viel Spaß machen, können Sie selbst ausprobieren. Hier sind einige Vorschläge, die ich häufig im Training verwende und die praktisch alle Hunde begeistert angenommen haben:

BLICKKONTAKTE

Trainieren Sie sich selbst, darauf zu achten, wie häufig Ihr Hund Blickkontakt mit Ihnen aufnimmt. Sie werden bemerken, dass er dies viel häufiger tut, als Ihnen bisher bewusst war. Läuft er zum Beispiel ein Stück voraus, dreht er sich bestimmt gelegentlich um und schaut nach Ihnen. Erwidern Sie dann seinen Blick. Eventuell können Sie ihm zunicken oder eine Handbewegung in die Richtung machen, in die Sie gleich gehen möchten. Sie können auch etwas wie „Prima!" zu ihm sagen, aber Sie müssen nicht jedes Mal, wenn er Sie anschaut, eine großartige neue Aktion einleiten, und schon gar nicht sollten Sie dann jedes Mal ein Kommando geben. Es reicht völlig aus, wenn er bemerkt, dass Sie ebenso auf ihn achten wie er auf Sie!

Die meisten Hundebesitzer sind sehr überrascht, wenn sie bemerken, wie häufig ihre Hunde Blickkontakt mit ihnen aufnehmen, wenn sie erst einmal angefangen haben, darauf zu achten. Gleichzeitig wird ihnen in solchen Momenten bewusst, wie nachlässig sie bisher darauf reagiert haben.

BERÜHRUNGEN

Wie schon erwähnt, machen Berührungen einen wesentlichen Teil der hundlichen Kommunikation aus. Ist Ihnen schon einmal aufgefallen, dass Ihr Hund während eines ruhigen Spazierganges auf einem relativ breiten Weg so dicht an Ihnen vorbei läuft, dass er Sie streift, wenn er auf Ihrer Höhe ist? Das passiert keinesfalls zufällig. Der Hund weiß ganz genau, wie breit der Weg ist und wo Sie stehen. Es ist seine Art, Ihnen mitzuteilen: „Hallo, schön, dass Du da bist, ich gehe mal eben ein Stück voraus..."

Vor einigen Jahren trainierte ich mit einer Do-Khyi-Hündin namens Wutjen. Während wir Trainingsspaziergänge machten, kam Wutjen immer mal wieder von hinten angelaufen und stupste einem ihrer Besitzer sachte mit der Nase in die Kniekehlen. Dann schaute sie die Person lächelnd an und lief weiter. Ich hatte das schon eine ganze Weile beobachtet, und schließlich machte Wutjen es auch bei mir. Ich freute mich darüber und hatte das Gefühl, nun ebenfalls in den Kreis „ihrer" Menschen mit aufgenommen zu sein. Als sie mich lächelnd ansah, lächelte ich zurück und begann ein kleines Renn- und Fangspiel mit wechselnden Rollen. Wutjen war begeistert!

Ihre Besitzer fragten mich, was dieses Stupsen denn zu bedeuten hätte, da auch ihnen schon aufgefallen war, dass sie dies häufig bei den Spaziergängen tat, allerdings nur bei Menschen, die sie kannte und mochte. Ich erklärte ihnen, dass dies Wutjens Art ist, freundlich Kontakt aufzunehmen und zu gemeinsamen Aktivitäten aufzufordern. Ich erntete zunächst ungläubiges Staunen, und so schlug ich einen Test vor. Wenn ich Recht mit meiner Interpretation von Wutjens Verhalten hatte, würde sie nicht mehr so häufig stupsen, wenn wir von uns aus mehr Aktionen einleiten würden – und genau so war es auch.

Wutjen ist inzwischen eine alte Hundedame, aber sie stupst noch immer mit ihrer großen Do-Khyi-Nase sanft in die Kniekehlen ihrer Menschen. Es ist ihre Art, „Hallo, lass uns was zusammen machen..." zu sagen.

Auch Sie können die taktile Kommunikation einsetzen, wenn Sie mit Ihrem Hund unterwegs sind. Steht er zum Beispiel schnüffelnd am Wegesrand und Sie überholen ihn, streifen Sie ihn im Vorbeigehen sachte mit Ihrem Handrücken. Sagen Sie nichts dazu, sondern gehen Sie dabei einfach weiter. Wenn er zu Ihnen aufschaut, erwidern Sie einfach nur den Blickkontakt und genießen Sie diesen kurzen Augenblick der Gemeinsamkeit. Es ist auch völlig in Ordnung, wenn er danach noch etwas weiter schnüffelt, denn es ist nicht das Ziel dieser Übung, ihn davon abzuhalten. Es geht darum, für einen kurzen Moment seine Aufmerksamkeit zu bekommen, auch wenn er gerade an etwas Interessantem schnuppert.

Natürlich können Sie auch einfach mal stehen bleiben, Ihren Hund freundlich auffordernd zu sich rufen und ihn dann streicheln oder knuddeln. Bei gutem Wetter setze ich mich öfter mal während eines Spaziergangs ins Gras (oder im Winter in den trockenen Schnee), versammle meine Hunde um mich und schaue in die Landschaft. Zwei meiner Hündinnen lieben es, sich in solchen Momenten eng an meinen Rücken gedrückt hinzusetzen, während Chenook, mein großer Rüde, die Ohren massiert haben möchte und genüsslich grunzt, wenn ich das tue.

GEMEINSAME AKTIONEN UND SPIELAUFFORDERUNGEN

Fordern Sie Ihren Hund gelegentlich zum Spielen auf. Laufen Sie mit ihm um die Wette, leiten Sie ein Rennspiel mit wechselnden Rollen ein, bei dem Sie sich ein Stück „jagen" lassen, sich dann plötzlich umdrehen und anfangen, ihn zu jagen. Plantschen Sie im Sommer gemeinsam im Wasser, suchen Sie zusammen in einem Laubhaufen nach zuvor heimlich versteckten Leckereien. Sie können über einen Baumstamm balancieren oder sich andere Dinge ausdenken, die Ihnen beiden Spaß machen.

Auf diesen Fotos sehen Sie, wie ich für meine Colliehündin Franny ein paar Leckerchen im Wald verstecke. Wir haben Franny im Alter von zehn Jahren übernommen, und zum Zeitpunkt dieser Aufnahmen war sie erst seit elf Tagen bei uns. Daher wusste ich noch nicht so genau, ob, und falls ja, wie weit sie sich auf Spaziergängen von uns entfernen würde und wie stark ihre jagdliche Motivation ausgeprägt ist. So entschloss ich mich, unseren ersten gemeinsamen Ausflug in den Wald so interessant wie möglich zu gestalten. Franny war von meinen Vorschlägen für gemeinsame Aktivitäten absolut begeistert. Würstchen im Moos zu finden, ist noch immer eine ihrer Lieblingsbeschäftigungen.

SUNNY KOMMT SEIT EIN PAAR MONATEN
ZU MIR INS TRAINING UND LIEBT WASSERSPIELE.
ARBEITE ICH MIT IHR AN WARMEN SOMMER-
TAGEN, GEHE ICH AUCH MAL MIT IN DEN BACH,
UND WIR PLANTSCHEN GEMEINSAM.

Dringend abraten möchte ich Ihnen allerdings von dem häufigem Werfen von Bällen, Stöckchen oder anderen Gegenständen. Diese Beutespiele (wie der Name ja schon sagt...) implizieren die Sequenz aus der Handlungskette des Jagdverhaltens, bei der es darum geht, die Beute zu hetzen, anzugreifen und zu packen. Häufig sehen Sie deshalb auch das anschließende „Totschütteln" der Beute, wenn Ihr Hund den Ball oder Ähnliches erreicht hat.

Während dieses Teils der Handlungskette wird Adrenalin ausgeschüttet. Dieses Hormon beeinflusst zahlreiche Körperfunktionen. So werden Atmung und Herzschlag beschleunigt, und der Stoffwechsel stellt vermehrt Traubenzucker zur Energieversorgung bereit. Mit anderen Worten, Adrenalin sorgt für eine optimale Leistungsbereitschaft und macht den Hund schnell und angriffsbereit – was bei einem echten Angriff ja auch sinnvoll ist. Ihr Hund, seit vielen hunderttausend Jahren von der Natur dafür ausgestattet, innerhalb von Sekunden alle Energien zu mobilisieren und auf den Beutefang zu konzentrieren, kann seinem Körper aber nicht melden, dass es sich heute und in diesem Moment nur um einen Ball oder ein Stöckchen, also eine (Beute-) Attrappe, handelt. In dem Moment, in dem er losrennt, um den Ball oder Stock zu holen, beginnt die Ausschüttung – was auch erklärt, warum sich viele Hunde so derartig in das Spiel hineinsteigern, dass sie hektisch werden, wild herumbellen und fiepen, sich kaum mehr beruhigen können und in Folge auch schneller in die Beuteaggression kippen. Wahrscheinlich ist es gerade die Adrenalinausschüttung, die das Beutespiel für den Hund so attraktiv macht, denn auch für viele Menschen scheint dies sehr erstrebenswert zu sein, wenn man zum Beispiel an Trendsportarten wie Bungeejumping oder Riverrafting denkt. Leider hat die Freisetzung von Adrenalin nicht nur positive Auswirkungen auf den Organismus. Nicht umsonst wird es auch als Stresshormon bezeichnet. Je häufiger es zur Adrenalinausschüttung kommt, desto größer wird die Wahrscheinlichkeit, dass negative Folgen wie Nervosität, Unruhe, Hyperaktivität oder auch Krankheiten, die mit Stress in Zusammenhang stehen, auftreten.

IN DIE GEMEINSAMEN AKTIVITÄTEN WERDEN KON-
ZENTRATIONSÜBUNGEN WIE DAS BALANCIEREN,
„SITZ" UND „PFOTEN HOCH" EINGEBAUT. SIE KÖNNEN
NATÜRLICH AUCH ANDERE ÜBUNGEN MACHEN –
ALLES, WAS IHNEN GEMEINSAM SPASS MACHT,
FÖRDERT EINE GUTE BINDUNG UND LÄSST DEN
HUND GERN IN IHRER NÄHE BLEIBEN.

Übrigens: Auch von dem häufig empfohlenen Tipp, Leckerchen über den Weg zu rollen, die der Hund dann jagen soll, möchte ich Ihnen abraten. Denken Sie immer daran: Damit üben Sie reflexartig schnelle Reaktionen auf kleine, sich fortbewegende (flüchtende) Beute.

Vor einigen Jahren trainierte ich mit einem Foxterrier, mit dem vom Welpenalter an das Fangen der über den Weg rollenden Leckerchen geübt wurde. Den Besitzern des Hundes wurde dies vom Züchter empfohlen, um den Jagdtrieb umzulenken. Leider erreichten sie genau das Gegenteil: Der Hund jagte zwar den über den Boden sausenden Leckerchen hinterher – aber auch allen anderen Dingen, die sich auf dem Boden bewegten, bis hin zu im Wind tänzelnden Blättern.

Viel besser ist es, dem Hund Arbeitsaufgaben und Aktivitäten anzubieten, die ihn nicht nur körperlich auslasten, sondern auch geistig fordern. Nicht zuletzt deshalb, weil dies dem natürlichen Verhaltensrepertoire eines Hundes oder Wolfes in freier Wildbahn am nächsten kommt. Denn wäre er nicht in der Lage, körperliche und geistige Kapazitäten einzusetzen, um an Nahrung zu kommen, wäre er nicht überlebensfähig.

EINEN WÜRSTCHENBAUM FINDEN

Diese Übung ist mit Sicherheit die, die Ihrem Hund den meisten Spaß bringen wird. So wird's gemacht: Sie gehen den Weg, den Sie gleich nehmen werden, ohne den Hund und deponieren an einem Busch, in der Rinde eines Baumes oder an einem Felsvorsprung mehrere Würstchenstücke. Jetzt holen Sie den Hund und gehen den Spaziergang wie immer. Wenn Sie in die Nähe des „Würstchenbaumes" kommen, rufen Sie möglichst aufgeregt: „Ja, schau mal, was ich hier gefunden habe!", und zeigen Ihrem Hund Ihren sensationellen Fund. In der Regel sind Hunde, die einen solchen Würstchenbaum zum ersten Mal finden, sehr erstaunt. Sie riechen vorsichtig, gucken ihre Menschen fragend an und versuchen dann vorsichtig, die Würstchen „abzupflücken". Loben Sie den Hund, während er das tut. Präparieren Sie den Baum so, dass ein paar Würstchen so hoch hängen, dass Ihr Hund nicht ohne Ihre Hilfe dran kommt. Wenn er nun erfolglos versucht, auch diese Stücke zu bekommen, helfen Sie ihm, indem Sie die Äste vorsichtig herunterbiegen, so dass er die Stücke erreichen kann.

Abgesehen von einem wirklich großen Spaß, den Sie beide dabei haben, lernt Ihr Hund Folgendes:

○ Wenn mein Mensch ganz aufgeregt ruft, hat er bestimmt einen Würstchenbaum gefunden. Nichts wie hin!

Deshalb empfiehlt sich diese Übung auch für Menschen, die ihre Stimme schlecht kontrollieren können und beim Anblick von Wild oder Gefahrenquellen gleich sehr aufgeregt rufen. Eine Kundin von mir war immer ganz zerknirscht, wenn sie, sobald sie einen Hasen sichtete, ihren Hund so aufgeregt abrief, dass dieser natürlich gleich wusste, dass irgendwo ein Hase sein musste… Wir bauten also die Übung mit dem Würstchenbaum auf, und ihr Hund lernte: Wenn Frauchen so aufgeregt ruft, ist es wohl doch eher ein Würstchenbaum als ein Hase! ☺

○ Würstchenbäume findet man nur mit seinem Menschen gemeinsam. Allein im Wald nach ihnen zu suchen, bringt nichts. Mit anderen Worten: Der Mensch „findet" die Würstchenbäume und zeigt sie dem Hund. Es lohnt sich also für ihn, in der Nähe seines Menschen zu bleiben und auf sein Rufen zu achten. ☺

○ Einige Wurststücke hängen immer so, dass ich meinen Menschen brauche, um an sie heranzukommen – und der hilft mir dann auch. Das stärkt die Bindung zwischen Ihnen und Ihrem Hund. ☺

Diese so simpel anmutende Übung ist eines der Kernstücke des Trainings. Ich habe schon Hunde, die angestrengt in die Landschaft schauten und ein paar Rehe beobachteten, damit zurück zu uns bekommen, dass ich aufgeregt „Ja, schau mal, was ich da gefunden habe!" gerufen habe. Die Würstchen im Maul sind eben doch besser als das Wild in großer Entfernung... wenn auch nicht für alle, so doch für viele Hunde.

JULE HAT DIE WÜRSTCHENMAUER, DIE ICH KUNSTVOLL
FÜR SIE HERGERICHTET HABE, ZUERST GAR NICHT
BEMERKT. UM SO GRÖSSER WAR DAS ERSTAUNEN
UND DIE BEGEISTERUNG, ALS SIE SIE SCHLIESSLICH
VON OBEN HERUNTER SCHAUEND SAH. SIE KLETTERTE
VON DER MAUER HERUNTER UND BEGANN, ALLE
WÜRSTCHENSTÜCKE AUS DEN STEINNISCHEN
HERAUSZUHOLEN UND ZU FRESSEN.
ALS ICH SIE IM ALTER VON CA. SECHS MONATEN ÜBER-
NAHM, WAR JULE EIN SEHR SCHÜCHTERNER UND
ZURÜCKHALTENDER HUND MIT WENIG AUSGEPRÄG-
TEM JAGDTRIEB. ICH HATTE MIR VORGENOMMEN,
IHR SELBSTBEWUSSTSEIN ZU STÄRKEN, WOLLTE
DABEI ABER NICHT, DASS SIE MIT ZUNEHMENDER
SICHERHEIT ANFING, SICH ZU WEIT VON MIR ZU ENT-
FERNEN UND EIGENE WEGE ZU GEHEN. SO STELLTE
ICH SIE VOR IMMER NEUE AUFGABEN, DIE SIE
SELBSTSTÄNDIG LÖSEN DURFTE, UND ERARBEITETE
GLEICHZEITIG EINEN TEIL DES IN DIESEM BUCH
BESCHRIEBENEN TRAININGSPROGRAMMS MIT IHR.

DIE SANDKISTE

Wenn Sie Ihrem Hund die Gelegenheit zum Buddeln geben wollen und er dies in Ihrem Garten oder draußen auf den Feldern nicht darf, können Sie ihm mit ein paar einfachen Handwerksarbeiten sein ganz persönliches kleines „Buddelparadies" bauen, in dem er sich nach Herzenslust austoben darf. Bauen Sie ihm einen Sandkasten! Natürlich können Sie auch einen fertigen kaufen. Sie brauchen nicht viel: ein Holzquadrat und jede Menge Sand. In diesem Sandkasten können Sie dem Hund zum Beispiel ein Lederetui mit Leckerchen verstecken. Graben Sie es einfach etwas ein. Dann ermuntern Sie ihn, danach zu suchen. Anfangs können Sie ihm dadurch etwas helfen, dass Sie das Etui an einer Ecke ein bisschen herausschauen lassen. Wenn er es dann ausgebuddelt hat, loben Sie ihn und geben Sie ihm ein paar der Leckerchen daraus. Das Gleiche können Sie auch mit Gegenständen machen – Ihr Hund lernt dann, dass er den ganzen Kasten durcharbeitet und Ihnen alle Gegenstände bringt, die er darin findet. Für jeden, den er bringt, wird er ausgiebig gelobt, bekommt ein Leckerchen und wird wieder losgeschickt. Sie werden sehen, wie viel Spaß Ihr Hund bei dieser Übung hat. Besonders die Terrier und Retriever, aber auch alle anderen Rassen, sind sehr begeistert.

Wichtig: Hat Ihr Hund alle Gegenstände gefunden, zeigen Sie ihm dies an, indem Sie ihm Ihre leeren Hände zeigen und „Fertig!" sagen. So weiß Ihr Hund, wann das Spiel/ die Arbeit beendet ist. Benutzen Sie aber nicht Worte wie „Aus!", „Schluss jetzt!" oder Ähnliches, die häufig auch zum Abbruch von verbotenen Handlungen benutzt werden. Wie soll Ihr Hund denn verstehen, dass Sie ihm gerade eben eine Handlung angeboten, ihn sogar ausdrücklich dafür gelobt haben, sie zu zeigen, um die gleiche Handlung Minuten später mit einem Verbotswort zu belegen?! Ein freundlich gesprochenes, neutrales Signalwort eignet sich viel besser, um das Ende des Spiels einzuleiten.

KONZENTRATIONSÜBUNGEN FÜR DEN HUNDEFÜHRER

Eines ist klar: Nicht nur der Hund muss lernen, sondern auch der Mensch. Denn über den Erfolg eines Anti-Jagd-Trainings entscheidet nicht nur, wie gut der Hund im Kommando steht, wie ich als Person, die ihn führt, seine natürlichen Veranlagungen in gewünschte Bahnen umlenke und wie ich mich als Partner interessant mache, sondern auch, wie gut ich auf meinen Hund konzentriert bin und zum Beispiel immer weiß, wo er sich befindet und was ungefähr er dort tut. So bin ich vor „plötzlichen" Blitzstarts weitgehend gefeit. Wie ist es bei Ihnen? Wenn Sie mit Ihrem Hund spazieren gehen, sind Sie dann so konzentriert, dass Sie jederzeit sagen könnten, wo sich Ihr Hund befindet und was er dort tut? Probieren Sie folgende Übung aus:

Gehen Sie mit einem Freund spazieren, der die Anweisung hat, irgendwann – ohne vorherige Ankündigung! – „Stopp!" zu sagen. Sobald Sie dieses Wort hören, bleiben Sie stehen, schließen sofort die Augen und zeigen mit der Hand in die Richtung, in der Ihr Hund sich Ihrer Meinung nach befindet. Sagen Sie, was er dort wohl tut, zum Bespiel schnüffeln, buddeln, pieseln oder was auch immer.

Anspruchsvoller wird diese Übung natürlich, wenn man mehrere Hunde gleichzeitig führt. Letztendlich ist es nur eine Frage der Übung und etwa so wie beim Autofahren. Wenn Sie sich jetzt in Ihr Auto setzen und mit einem Freund eine Strecke von 500 Kilometern fahren, so können Sie sich auf den Verkehr konzentrieren und trotzdem ein Gespräch mit Ihrem Beifahrer führen. Sie haben gelernt, sich auf beides zu konzentrieren. Ebenso sollte es beim Spaziergang mit Ihrem Hund sein. Auch wenn Sie sich unterhalten oder einfach Ihren Gedanken nachhängen, sollte ein Teil der Aufmerksamkeit immer beim Hund bleiben.

KONZENTRATIONSÜBUNGEN FÜR DEN HUNDEHALTER SORGEN NICHT NUR FÜR ABWECHSLUNG, SONDERN MACHEN AUCH DEUTLICH, DASS NICHT NUR DER HUND WÄHREND DES TRAININGS LERNEN MUSS.

WANN UND WO SPAZIEREN GEHEN?

Machen Sie sich Gedanken darüber, wann Sie wo spazieren gehen. Bedenken Sie zum Beispiel die Uhrzeiten. Bei Dämmerung und Dunkelheit sind die meisten Beutetiere aktiver als am Tag. Morgens sind die Spuren am frischesten. Mit einem jagdlich stark motivierten Hund sollten Sie also das Training nicht bei Morgendämmerung in einem Wald beginnen, in dem es vor Beutetieren nur so wimmelt.

Gehen Sie öfter mal in unbekanntem Terrain. In der Regel ist ein Hund in unbekanntem Gelände eher daran interessiert, den Kontakt zum Besitzer zu halten als auf seiner morgendlichen Runde, wo er den Weg nach Hause auch alleine findet. Außerdem hat dies den Vorteil, dass auch der Hund nicht weiß, ob, und falls ja, wo sich hier Wild befindet. Oft beobachte ich Hunde, die auf ihrer Hausstrecke schon ganz aufgeregt um die Ecke biegen, weil sie wissen, dass dort die Scheune steht, unter der sich der Hasenbau befindet.

Wenn auch Sie eine solche „Attraktion" auf Ihren gewohnten Spazierwegen haben, leinen Sie den Hund unbedingt rechtzeitig an, damit er nicht die Gelegenheit bekommt, das von Ihnen unerwünschte Verhalten zu zeigen.

DIESES IDYLLISCH GELEGENE TANNENWÄLDCHEN IST EIN IDEALER UNTERSCHLUPF FÜR REHE. BEI MEINEN TRAININGSSPAZIERGÄNGEN STEHEN SIE HÄUFIG AUF DER WIESE UND ZIEHEN SICH IN DAS WÄLDCHEN ZURÜCK, WENN SIE UNS ENTDECKEN.

LERNEN SIE, DIE UMGEBUNG AUFMERKSAM ZU BEOBACHTEN

Hat man einen jagdlich motivierten Hund, bleibt einem gar nichts anderes übrig, als die Umgebung aufmerksam zu beobachten, denn im Idealfall möchte man ihn an der Leine oder im Kommando haben, bevor er ein potentielles Beutetier entdeckt.

Achten Sie auf kleine Schonungen, in denen sich das Wild gern versteckt, und auf ausgetrampelte Pfade, so genannte „Wildwechsel", die Ihnen verraten, dass hier regelmäßig Tiere entlang kommen.

Ich genieße dieses vorausschauende Beobachten immer sehr, denn tatsächlich nimmt man die Umwelt viel bewusster wahr. Meine Kunden sind immer ganz fasziniert, wenn ich Ihnen erkläre, was uns ein bestimmter Pfad, umgeknickte Halme, ein Geruch oder eine bestimmte Landschaft über das Wildaufkommen in dieser Gegend verraten. Gelernt habe ich das unter anderem von diversen Exkursionen mit Jägern, die ich gefragt habe, ob sie mich gelegentlich auf ihre Streifzüge mitnehmen und mir dabei etwas über die „Spurensuche" beibringen. Übrigens noch ein lohnender **Tipp:** Achten Sie auf die Hochsitze der Jäger. Die werden bekanntlich dort gebaut, wo Wild ist...

SIE FINDEN ETWAS!

Bleiben Sie während eines Spaziergangs einfach mal stehen und schauen Sie ganz konzentriert auf einen Punkt in der Landschaft. Tun Sie so, als ob Sie etwas ganz Spannendes beobachten würden – legen Sie auch ruhig mal den Kopf schief und holen Sie nach einer Weile tief Luft, als wäre es anstrengend, die Beobachtung aufrechtzuerhalten. Wenn Ihr Hund dies schließlich bemerkt, wird er in die gleiche Richtung schauen wie Sie, um herauszufinden, was es denn sooo Tolles zu sehen gibt. Sobald er in die gleiche Richtung schaut, eventuell dann auch zu Ihnen und wieder in die Ferne (er versucht ja herauszubekommen, was Sie da ausgespäht haben), gehen Sie los in diese Richtung, während Sie immer noch konzentriert dorthin schauen. Wenn Sie an diesem bestimmten Punkt angekommen sind, lassen Sie geschickt und heimlich ein wirklich großes Stück Wurst fallen, das Sie dem Hund nun zeigen, als hätten Sie es gerade eben gefunden. Ihr Hund wird begeistert sein! Erstens über den Fund und zweitens über Ihre Fähigkeiten, über eine so große Strecke die Wurst entdeckt zu haben. Sie sind einfach super gut darin, Beute zu finden, und es lohnt sich, Ihnen zu folgen. ☺

WILDWECHSEL UND SCHLAFKUHLEN VON REHEN ODER WILDSCHWEINEN DEUTEN DARAUF HIN, DASS ERHÖHTE AUFMERKSAMKEIT GEFORDERT IST, WENN MAN IN DIESER GEGEND MIT SEINEM HUND SPAZIEREN GEHT.

DER HUND FINDET ETWAS/ BEUTEABGABE

Auch bei dieser Übung geht es mehr um das Lernen für den Hundehalter als um das des Hundes. Wir sprechen von einer Situation, die häufig passiert und auf die die meisten Hundehalter instinktiv – und in diesem Fall somit falsch – reagieren.

Stellen Sie sich vor, jemand geht mit seinem Hund im Wald spazieren und dieser findet eine tote Maus oder einen alten Strumpf. Der Hund ist begeistert! So ein toller Schatz! Stolz nimmt der diesen in seinen Augen wertvollen Fund in den Fang und trägt ihn herum. Aber sobald sein Besitzer dies bemerkt, kommt ein energisches „Aus!" oder „Pfui ist das!". Was hat der Hund nun gelernt? Es gibt mehrere Möglichkeiten: Er könnte gelernt haben, dass er Beute lieber nicht in die Nähe seines Menschen bringt, weil er sie dann mit strengem Kommentar und Geschimpfe ablegen muss. Wird er womöglich verfolgt, um ihm die Beute aus dem Fang zu nehmen, wird dieses Lernen noch verstärkt und erweitert um die Komponente: am besten schnell runterschlucken, dann kann es mir nicht genommen werden. Beides ist natürlich nicht in unserem Sinne.

Im Herbst 1996 ging ich mit dem jungen Jagdhundrüden Arco und dessen Besitzerin spazieren. Der Hund fand einen toten Maulwurf und nahm diesen stolz in den Fang. Gerade wollte die Besitzerin anfangen, ihn hierfür zu tadeln, als ich sie schnell ausbremste. Ich lobte den jungen Hund überschwänglich und erzählte ihm, was er da Tolles gefunden habe. Dabei streichelte ich ihn ausgiebig – und sah in das entgeisterte Gesicht seines Frauchens. Nun forderte ich ihn auf, mir seine Beute zu zeigen, was er auch anstandslos tat. Er beobachtete mich ganz genau, während ich die Beute in meiner Hand hielt, diverse Kommentare über diesen wunderbaren, toten Maulwurf abgab, und war höchst zufrieden, als ich ihm seine Beute wieder zurückgab. Die Besitzerin starrte mich fassungslos an und konnte nicht glauben, was ich da tat. Da ich in diesem Moment keine Zeit für lange Erklärungen hatte, sagte ich nur: „Ich erkläre das gleich..." Wieder forderte ich den jungen Rüden auf, mir seine Beute zu zeigen, und wieder gab er sie mir anstandslos in die Hand. Ich bewunderte den stinkenden, schleimigen Maulwurf und gab ihn wieder mit großem Lob zurück. So ging das einige Male und jede Rückgabe war selbstverständlich von ausführlichen Lobeshymnen über diese großartige

Beute begleitet. Schließlich erbat ich die Beute wieder, bekam sie auch und sagte der Besitzerin, sie solle gut aufpassen, was ich nun tun würde. Ich steckte den Maulwurf vor den Augen des Hundes in meine Jackentasche (Gott sei Dank hatte ich ein Taschentuch dabei, in das ich ihn wickeln konnte) und gab ihm einen ganzen Haufen von Belohnungsleckerchen, wieder begleitet von diversen lobenden Kommentaren.

Nun erklärte ich der Frau, dass ihr Hund gerade gelernt hatte, Beute in jedem Fall mitzubringen und vertrauensvoll zu zeigen, statt sie einfach abzuschlucken oder sich durch eine wilde Jagd dem Zugriff seines Besitzers zu entziehen. Irgendwie leuchtete ihr das zwar ein, aber sie war nicht wirklich begeistert über das Procedere und fragte, ob man die Beute dann unbedingt einstecken müsse. „Ja", sagte ich „zumindest bis zur nächsten Mülltonne oder bis man sie wegwerfen kann, ohne dass der Hund dies sieht. Denn wenn Sie sie irgendwo hinlegen oder wegwerfen, wird Arco nur wieder versuchen, sie zu holen. Er soll sehen, dass Sie die Beute gegen etwas anderes Tolles tauschen und nun behalten." So weit, so gut.

Einige Wochen später klingelte mein Telefon, und eben diese Kundin sagte aufgeregt: „Heute habe ich Ihr Training erst richtig verstanden. Stellen Sie sich vor, was passiert ist. Arco hat in den Büschen etwas gefunden und mir begeistert gebracht. Ich habe es angenommen und sah, dass es ein Fleischklops war. Ich gab ihm eine großzügige Belohnung und habe das Ding eingesteckt. Zu Hause habe ich mir den Fleischklops noch mal genauer angesehen und habe entdeckt, dass er mit Rasierklingen gespickt war. Nicht auszudenken, wenn er den runtergeschluckt hätte!"

Es müssen nicht unbedingt so dramatische Dinge passieren, um den Sinn der Übung zu verdeutlichen. Findet ein Hund zum Beispiel eine alte Zigarettenschachtel oder Plastikflasche oder Ähnliches und fängt an, damit zu spielen, so lasse ich ihn. Er ist stolz, hat Freude, und es passiert ja nichts. Ich lobe den Hund und teile seine Begeisterung über den Fund. Oftmals beginne ich ein Spiel, indem ich den Hund absitzen und bleiben lasse, den Gegenstand nehme und in einigen Metern Entfernung ablege und den Hund dann losschicke, um ihn wiederzuholen. Es ist letztendlich wie das Apportieren von einem Zottel oder einem Dummy.

Die Hunde haben so einen Spaß daran, warum sollte ich den verderben, sofern der Gegenstand ungefährlich ist?! Möchte ich ihn haben, gibt es ja dank oben genanntem Übungsaufbau keine Probleme. Mir fällt häufig auf, dass Hundeführer das Aufnehmen und Tragen von Gegenständen grundsätzlich verbieten, was aber gar nicht nötig ist. Es ist so schön zu erleben, wie ein Hund stolz und vor allem freiwillig „seinen Schatz" bringt, vertrauensvoll zeigt und auch abgibt. Es schafft eine unglaublich tiefe Verbindung, den Gegenstand zu bewundern und ein gemeinsames Spiel damit zu beginnen, denn...

... FREUNDSCHAFT BEDEUTET AUCH, SICH ÜBER DIE GLEICHEN DINGE ZU FREUEN.

KOMMANDOS

Überprüfen Sie den Gehorsam Ihres Hundes. Nicht alle Kommandos sind wichtig, im Gegenteil, vieles ist überflüssig. Aber einige wichtige Dinge sollte der Hund beherrschen: So brauchen Sie zum Beispiel unbedingt verschiedene Abrufkommandos und ein Signal, das den Hund wieder mehr in Ihren Einwirkungsbereich bringt.

Grundsätzlich gilt: Üben Sie zunächst in reizarmer Umgebung und steigern Sie die Ablenkungen nur allmählich. In kleinen Schritten kommen Sie und Ihr Hund sicherer zum Trainingserfolg als wenn Sie zu früh zu viel verlangen.

Denken Sie daran, dass Sie nur Kommandos geben, die in der gegebenen Situation auch wirklich durchsetzbar und sinnvoll sind. Hat Ihr Hund zum Beispiel sehr kurzes Fell mit wenig oder gar keiner Unterwolle, sollten Sie bei kaltem und/ oder nassem Wetter keine Sitz- und Platzübungen mit ihm machen. Sonst kann es Ihnen passieren, dass er das Kommando nicht ausführt, weil es ihm aufgrund des Wetters einfach unangenehm ist, es zu tun. Aus diesem Grund benutze ich zum Beispiel zwei verschiedene Arten des Herankommens: das *mit* und das *ohne* Vorsitzen. Bei Regenwetter, kaltem Boden oder bei Hunden mit Erkrankungen des Bewegungsapparates setze ich fast ausschließlich das Herankommen ohne Vorsitzen ein. Mit anderen Worten: Wenn ein Reh oder Eichhörnchen auftaucht, möchte ich den Hund zuverlässig und auf dem schnellsten Weg an die Leine bringen und nicht mit ihm darüber „verhandeln", ob er sich bei dieser Witterung nun setzen möchte oder nicht. Ich bin übrigens keinesfalls der Meinung, dass ein guter Gehorsam nur dann gegeben ist, wenn der Hund bedingungslos alles tut, was ich verlange. Sie können es sich wahrscheinlich schon denken: Zu einem guten Gehorsam gehört für mich nicht nur die Zuverlässigkeit des Hundes, sondern auch die Achtsamkeit und das vorausschauende Denken des Hundeführers. Hierzu gehört, keine unnötigen und/ oder unsinnigen Handlungen vom Hund zu verlangen – schon gar nicht, wenn dies für ihn unangenehm ist.

Also muss nicht nur der Hund die Ausführung und Anwendung der Kommandos beherrschen, sondern auch sein Mensch, also Sie. Hierzu ist wichtig, dass Sie den Unterschied zwischen Ruhe- und Bewegungskommandos kennen und wissen, wann Sie welches einsetzen. Die Tabelle gibt Ihnen eine Übersicht:

Ruhekommandos

- ... zum Beispiel „sitz", „Platz", „bleib"
- Der Hund ruht während der Ausführung in einer bestimmen Position.
- Diese Kommandos müssen vom Hundeführer aufgelöst werden, damit der Hund weiß, *wie lange* er diese Handlung ausführen soll.

- Sie erfordern vom Hund mehr Konzentration, denn ein Herankommen und Vorsitzen ist bei großer Ablenkung schwieriger auszuführen, als einfach nur „weiter" zu gehen.

Bewegungskommandos:

- ... zum Beispiel „weiter", „kehr um", „voraus"
- Der Hund bleibt während der Ausführung des Kommandos in Bewegung.
- Diese Kommandos müssen nicht aufgelöst werden, der Hund weiß, dass er nicht endlos laufen soll, wenn Sie ihm gesagt haben, dass er „weiter" gehen soll.
- Sie erfordern vom Hund weniger Konzentration in der Ausführung, einfach nur „weiter" zu gehen ist bei großer Ablenkung einfacher als vorzusitzen. Deshalb kann man Bewegungskommandos gut einsetzen, wenn hohe Ablenkungsreize gegeben sind.

DIESE BEIDEN HUNDE WURDEN MIT DEM BEWEGUNGSKOMMANDO „WEITER" ZUM MITGEHEN AUFGEFORDERT.

Last not least: Kommandos sind *immer* (!) positiv! Rufen Sie Ihren Hund niemals mit seinen Kommandowörtern, wenn Sie wütend sind. Benutzen Sie Kommandos niemals als Strafe! Sonst würden Sie Ihrem Hund vermitteln, dass Kommandos nur manchmal gut sind, manchmal aber auch Ärger mit Ihnen einleiten, und diese gedankliche Verknüpfung können Sie keinesfalls gebrauchen, wenn Sie einen wirklich zuverlässigen und dabei noch freudig ausgeführten Gehorsam anstreben.

Natürlich gibt es Situationen, in denen man die Stimme auch mal strenger einsetzt und schimpft. Aber tun Sie dies niemals, wenn der Hund gerade ein Kommando befolgen soll oder die gewünschte Handlung bereits zeigt, selbst wenn er zuvor etwas getan hat, was Sie missbilligen.

Nehmen wir zum Beispiel an, Ihr Hund läuft auf einer Wiese herum, und Sie rufen ihn. Er schaut kurz zu Ihnen herüber (mit anderen Worten: Er hat Sie gehört...), entschließt sich dann aber, lieber weiter seinen eigenen Beschäftigungen nachzugehen. Wenn Sie ihn nun mit ärgerlicher und strenger Stimme in das Herankommen rufen, bringen Sie Ihren Hund in einen Konflikt: Ihre Worte sagen ihm, dass er herkommen soll. Ihre Stimme und Körpersprache sagen ihm, dass er das lieber lassen sollte.

Wie können Sie diesen Konflikt vermeiden? Rufen Sie Ihren Hund mit freundlicher und auffordernder Stimme. Sobald er kommt, loben Sie ihn. Kommt er nicht, werden Sie mit der Stimme etwas energischer, indem Sie so etwas sagen wie: „Aber los jetzt, zackig!" Sobald Ihr Hund das gewünschte Kommando auch nur im Ansatz zeigt, nehmen Sie *sofort* den Druck aus der Stimme und wiederholen es lobend: „Prima, feines ‚Schau mal her', guter Hund"! Somit signalisieren Sie ihm, dass er seine Sache nun gut macht und deshalb auch mit einer freudigen Ankunft bei Ihnen zu rechnen ist.

ABRUFÜBUNGEN

Viele meiner Kunden ärgern sich darüber, dass ihr Hund nicht zuverlässig kommt, wenn sie ihn rufen. Allerdings machen sie dabei auch viele Fehler. Die häufigsten sind:

- Immer nur dann abzurufen, wenn der Hund anschließend an die Leine kommt und nicht mehr frei laufen darf.

- Immer dann abzurufen, wenn Wild in der Nähe ist. Ist die Stimme dabei auch noch hektisch und nervös, lernt der Hund schnell, dass es sich lohnt, nach Jagdbarem Ausschau zu halten, wenn Herrchens oder Frauchens Stimme *diesen* Unterton hat.

- Den Hund *ständig* abzurufen. Eine Kundin rief ihren Dobermann innerhalb von nur vier Minuten 15-mal! Kein Wunder, dass er nach dem sechsten Mal nicht mehr kam, er konnte sich kaum drei Meter von seinem Frauchen wegbewegen, da wurde er schon wieder abgerufen. Im Grunde spricht es für seinen eigentlich guten Gehorsam, dass er immerhin sechsmal gekommen war.

EIN GUTER GEHORSAM MACHT AUCH DAS ABRUFEN VON ZWEI HUNDEN PROBLEMLOS MÖGLICH.

- Den Hund ständig in das Herankommen mit Vorsitzen abrufen. In den meisten Situationen ist es gar nicht nötig, dass der Hund nicht nur herankommt, sondern auch vorsitzt. Gerade bei schlechtem Wetter wie starkem Regen, Kälte, Schneefall usw. ist es für ihn unangenehm, sich absetzen zu müssen. Mit anderen Worten: Der Hund befolgt das Kommando nicht deshalb nicht, weil er nicht zu seinem Menschen kommen möchte, sondern weil er das Absitzen scheut. Dies gilt übrigens insbesondere für Hunde mit Hüftgelenksdysplasie, Spondylose, Analbeutelentzündung und einigen anderen Erkrankungen, die das Absitzen unangenehm machen. Deshalb trainiere ich grundsätzlich zwei Arten des Herankommens: mit und ohne Vorsitzen (siehe unten).

- Den Hund ständig in das gleiche Herankommen mit Vorsitzen zu rufen. Sobald ein Jogger, Radfahrer, eine Frau mit Kinderwagen oder ein unbekannter Hund auftaucht, soll der Hund erst mal herankommen und vorsitzen. Läuft er zu weit voraus, wird er ebenfalls mit diesem Kommando gerufen. Ebenso, wenn man zurück am Auto ist und noch nach den Schlüsseln kramt oder wenn man ihn aus dem Wald heraus haben will.

Stellen Sie sich vor, wie es Ihnen gehen würde, wenn jemand ständig die gleiche Bitte an Sie richtet. Würde es Ihnen nicht irgendwann furchtbar auf die Nerven gehen, x-mal am Tag immer und immer wieder das Gleiche zu tun?!

Ich empfehle meinen Kunden daher, mehrere Arten des Abrufens mit Ihrem Hund einzuüben. Größere Variabilität bringt nicht nur Abwechslung ins Training und macht es somit interessanter, mit unterschiedlichen Formen des Abrufens kann man auch gezielter auf einzelne Situationen eingehen. Wichtig ist natürlich, dass ein bestimmtes Kommando dem Hund auch immer die gleiche eingeforderte Handlung signalisiert.

Folgende Abrufübungen setze ich ein:

„ZU MIR" – HERANKOMMEN MIT VORSITZEN

Der Hund soll auf das entsprechende Hör- und Sichtzeichen zum Hundeführer gelaufen kommen und sich in seiner unmittelbaren Nähe absetzen. Ob er genau gerade vorsitzt oder leicht seitlich, ist vollkommen egal. Wichtig ist die Zuverlässigkeit in der Ausführung. Fordern Sie kein Absitzen ein, bei dem der Hund regelrecht an Ihnen klebt, das empfindet er schnell als unangenehm und muss außerdem seinen Kopf überstrecken, um Blickkontakt mit Ihnen aufnehmen zu können. Lassen Sie ihm stattdessen etwas Raum, so kann er bequem sitzen und auch Blickkontakt mit Ihnen aufnehmen.

Wichtig: Dieses Kommando gehört zu den Ruhekommandos und muss aufgelöst werden, damit der Hund weiß, wie lange er absitzen soll.

„SCHAU MAL HER" –
HERANKOMMEN OHNE VORSITZEN

Der Hund soll auf das entsprechende Hör- und Sichtzeichen zum Hundeführer laufen und einmal kurz Kontakt mit ihm aufnehmen. Ein Absitzen wird nicht verlangt. Dieses Kommando ist vor allem dann hilfreich, wenn schlechtes Wetter herrscht (ein Absitzen deshalb also unangenehm für den Hund wäre) oder der Hund in Gefahrensituationen schnellstens angeleint werden soll.

Tipp: Wenn Ihr Hund nur zögerlich herankommt und/oder mit etwas Abstand vor Ihnen stehen bleibt, überprüfen Sie Ihre Körpersprache und Stimme – eventuell waren Sie zu streng, und Ihr Hund beschwichtigt deshalb. Versuchen Sie es erneut mit betont freundlicher Stimme und gehen Sie ein bis zwei Schritte rückwärts, während er auf Sie zuläuft. Achten Sie darauf, die Hand, die das Sichtzeichen gibt, seitlich vom Körper zu halten, damit der Hund nicht frontal auf Ihren nach vorne gebeugten Körper zulaufen muss. So fällt es Ihrem Hund ganz leicht, freudig heranzukommen und sein Leckerchen abzuholen.

DEX, EIN MASTIN-ESPANOL-MISCHLING AUS SPANIEN, KOMMT ZUVERLÄSSIG, WENN ER GERUFEN WIRD. SEINE BESITZERIN SETZT EINE FREUNDLICH AUFFORDERNDE STIMME, EINE GUT ABGESTIMMTE KÖRPERHALTUNG UND TOLLE LECKERCHEN EIN, UM IHN OPTIMAL ZU MOTIVIEREN.

„PSSSSS" – DAS KLEINE GERÄUSCH

Der Hund lernt, beim Hören eines bestimmten leise gegebenen Geräusches, wie zum Beispiel einem Zischlaut, zu seinem Menschen zu laufen. Dieses Signal kann man wunderbar verwenden, wenn man möglichst leise arbeiten möchte – zum Beispiel, wenn sich ein Jäger in der Nähe befindet, der gar nicht mitbekommen soll, dass der Hund abgerufen wird. Gleichzeitig ist es eine schöne Aufmerksamkeitsübung.

Das „kleine Geräusch" aufzubauen, ist ganz einfach. Nehmen Sie sich wirklich gute Leckerchen (am besten Wurst oder Käse) und geben Sie dem Hund ein paar davon, während Sie dieses Geräusch machen. Warten Sie dann einen Moment, bis der Hund sich ein paar Meter von Ihnen entfernt hat. Machen Sie dann das Geräusch und loben Sie ihn sofort, wenn er sich zu Ihnen umdreht und während er auf Sie zuläuft. Geben Sie ihm das Leckerchen, sobald er bei Ihnen ankommt. Allmählich vergrößern Sie die Distanz und schließlich auch den Ablenkungsgrad, unter dem Sie das Signal einsetzen.

DAS AUSRICHTEN

Das Ausrichten ist eine meiner Lieblingsübungen. Ziel der Übung ist, dass der Hund sich in die Richtung seines Menschen orientiert, wenn dieser stehen bleibt.

Auch diese Übung ist sehr einfach aufzubauen. Gehen Sie mit Ihrem Hund spazieren und bleiben Sie, wenn er einige Meter vor Ihnen läuft, einfach stehen. Warten Sie vollkommen ruhig, rufen Sie ihn nicht. Schließlich wird der Hund bemerken, dass Sie nicht mehr hinter ihm laufen, wird sich umdrehen und nach Ihnen schauen. In diesem Moment halten Sie wortlos ein Leckerchen deutlich sichtbar seitlich vom Körper raus. Befindet sich Ihr Hund in großer Entfernung, können Sie ihm helfen, indem Sie mit der Hand etwas winken, denn Hunde sehen Dinge in Bewegung besser als statische. Sobald er angelaufen kommt, bekommt er kommentarlos, aber mit freudigem Gesichtsausdruck das Leckerchen. Bleiben Sie dann noch einen Moment stehen und geben Sie ihm gelegentlich ein Leckerchen, indem Sie zum Beispiel kaum sichtbar die Hand ausstrecken. Wozu? Nun, der Hund lernt gerade Folgendes: Wenn er die Schritte seines Menschen nicht mehr hinter sich hört, lohnt es sich, nach diesem zu schauen, denn für diese Kontaktaufnahme gibt's ein Leckerchen. Wenn sein Mensch irgendwo für einen Moment stehen bleibt (zum Beispiel bei einer Unterhaltung), lohnt es sich, in der Nähe zu bleiben – denn gelegentlich gibt's auch hierfür was.

Mein Mann und ich werden immer wieder angesprochen, wie wir es schaffen, dass unsere Hunde immer in unserer Nähe bleiben, auch wenn wir mal stehen bleiben. Die oben genannte Übung ist des Rätsels Lösung.

Wichtig: Natürlich sollte man diese Übung nur mit einzelnen Hunden oder mit mehreren, die absolut kein Problem mit Futteraggression haben, durchführen.

SHORTY UND JULE HABEN GELERNT, DASS ES SICH LOHNT, IN MEINER NÄHE ZU BLEIBEN.

FREIFOLGE MIT RICHTUNGSWECHSEL ÜBER „WEITER"

Ein sehr einfaches und gleichzeitig effektives Kommando ist „weiter". Der Hund soll auf das entsprechende Hör- und Sichtzeichen in die angegebene Richtung gehen.

Sie bauen es auf, indem Sie es einfach tun. ☺ In einer Situation mit wenig oder keinen Ablenkungsreizen rufen Sie Ihren Hund „Bello, weiter" und gehen mit dem entsprechenden Handzeichen in die von Ihnen vorgegebene Richtung. Sobald er Ihnen folgt, loben Sie ihn. Manchmal können Sie auch ein Spiel beginnen oder, falls er sich von einer wirklich interessanten Sache gelöst hat, um Ihnen zu folgen, auch ein Leckerchen geben.

Geben Sie das Kommando auch, wenn Sie die Richtung wechseln oder zum Beispiel an einer Weggabelung abbiegen. So gewöhnt sich Ihr Hund daran, dass er Vorgaben von Ihnen erhält. Nimmt der Hund gerade Blickkontakt mit Ihnen auf, während Sie die Richtung wechseln möchten, geben Sie das Kommando auch mal nur über Sichtzeichen, also ohne etwas zu sagen. Das erhöht die Aufmerksamkeit des Hundes.

KOMMENTARLOSER RICHTUNGSWECHSEL – EINFACH MAL UMDREHEN...

Ebenfalls ein einfaches und sehr wirkungsvolles Arbeitsmittel ist der kommentarlose Richtungswechsel. Drehen Sie auf einem Weg einfach mal um oder biegen Sie ab. Bemerkt Ihr Hund es und folgt Ihnen, loben Sie ihn und sagen Sie ihm, wie schön Sie es finden, dass er wieder bei Ihnen ist.

Der Sinn dieser Übung ist, die Aufmerksamkeit des Hundes mehr auf seinen Menschen zu lenken. Verändern Sie dabei auch mal das Tempo. Gehen Sie ganz langsam, dann schneller, wieder langsamer, joggen Sie ein kleines Stück.

Wichtig: Es geht hierbei aber nicht darum, den Hund auszutricksen und sich heimlich zu verstecken! Ein solches Verhalten führt eventuell zu Problemen. Einige Hunde beantworten den Schreck, den sie bekommen, wenn ihr Mensch plötzlich weg ist, mit Verlassenheitsängsten. Im besten Fall denkt Ihr Hund, es handele sich um ein tolles neues Spiel – und wird nun immer weit voraus laufen, in der Hoffnung, dass Sie sich dann verstecken, er Sie anschließend findet und es dafür eine Belohnung in Form von Freuerchen oder Leckerchen gibt. Beides ist sicher nicht das, was wir mit dem Training anstreben.

„KEHR UM"

Ist der Hund weit voraus gelaufen und man möchte ihn wieder mehr in seine Nähe bekommen, so ist „kehr um" ein gut einzusetzendes Kommando. Der Hund lernt, auf das entsprechende Hör- und Sichtzeichen die Richtung zu wechseln und wieder mehr in den Einwirkungsbereich des Hundeführers zu kommen.

Auch dieses Kommando ist sehr einfach aufzubauen und macht den Hunden viel Spaß. Gehen Sie spazieren und warten Sie, bis der Hund mindestens 30 Meter vor Ihnen läuft. Rufen Sie nun mit freundlich aufmunternder Stimme „kehr um" und drehen Sie sich selbst um und laufen Sie in die entgegengesetzte Richtung. Sobald der Hund Ihnen folgt, loben Sie ihn laut und überschwänglich, bis er Sie erreicht hat. Laufen Sie ruhig weiter, so dass er richtig Schwung bekommt, ehe er Sie erreicht. Sobald er bei Ihnen ankommt, gibt es ein Leckerchen und ein ausgiebiges „Freuerchen". Diese Übung wiederholen Sie etwa fünf bis sieben Tage lang unter geringer Ablenkung mehrmals täglich.

Dann probieren Sie das Kommando aus, ohne sich noch selbst umzudrehen und wegzulaufen. Sobald der Hund das inzwischen vertraute Signalwort hört und sich in Ihre Richtung umdreht und losläuft, loben Sie besonders viel und geben Sie gleich mehrere Leckerchen, wenn er bei Ihnen eintrifft. Jetzt brauchen Sie selbst nicht mehr umdrehen, wenn Sie ihm das Kommando „kehr um" geben, da er die gewünschte Handlung mit dem Signalwort verknüpft hat.

Da das Losrennen einen hohen Mitmacheffekt mit entsprechender positiver Stimmungsübertragung hat, setze ich es zwischendurch immer mal wieder ein. Das heißt, auch wenn der Hund das Kommando schon kennt und ich nicht unbedingt loslaufen müsste, damit er umdreht, tue ich es hin und wieder doch. Und ernte ein begeistertes Grinsen meiner Hunde, wenn sie mir nachlaufen und mich schnellstens einholen, was dann mit großem „Hallo" gefeiert wird.

Dieses Kommando ist sehr gut geeignet, den Hund auch von großen Ablenkungsreizen abzurufen. Ich setze es häufig ein, wenn der Hund das Wild bereits gesichtet hat und entweder ganz kurz vor dem „Durchstarten" ist oder schon losgelaufen ist. Wenn jetzt überhaupt noch ein Kommando funktioniert, dann dieses.

Es ist auch praktisch, um den Hund in der Nähe zu halten, ohne ihn jedes Mal in ein Herankommen abrufen zu müssen. Wie bei allen Kommandos gilt aber auch hier: Benutzen Sie es nicht zu oft, dass der Hund den Spaß daran verliert.

„AUF DEN WEG"

Dieses Kommando setze ich immer dann ein, wenn der Hund sich zu weit vom Wegesrand in Richtung Wiese oder Unterholz entfernt.

Aufgebaut wird es, indem ich dem Hund „auf den Weg" sage, während ich mit der Hand auf den vor uns liegenden Weg zeige. Sobald er sich in diese Richtung bewegt, setzt das Lob ein, bis er schließlich wieder ganz auf dem Weg ist.

Wichtig: Die Kunst dieses eigentlich sehr einfachen Kommandos besteht darin, es nicht zu früh einzusetzen. Ich gebe den Hunden zum Beispiel immer die Gelegenheit, einige *wenige* Meter vom Weg herunter zu gehen, falls sie sich einen geeigneten Platz zum Koten suchen. Nur die wenigsten Hunde tun dies gern direkt am Wegesrand – die meisten möchten hierzu ein wenig ins Gras, Moos oder in die Büsche ausweichen. Auch hier gilt also wieder: Beachten Sie das Ausdrucksverhalten Ihres Hundes. Ein Hund, der gleich losstürzen will, um einer Spur nachzuhetzen, hat einen höheren Bewegungsmodus, und der Körper ist insgesamt wesentlich angespannter als bei einem Hund, der sich gerade einen Platz zum Koten sucht.

Ich benutze ganz bewusst nicht Kommandos wie „Raus da!" oder „Nein, sofort zurück!", wenn der Hund den Weg verlässt, weil mir diese Wortwahl zu aggressiv ist. Schließlich will ich den Hund zurück auf den Weg haben, also dorthin, wo ich laufe. Sehr einladend ist das über negativ formulierte und strenge Kommandos aber nicht. Lieber sage ich dem Hund bestimmt, aber freundlich, was er tun soll, statt ihn ständig mit Verboten zu frustrieren.

JULE IST EIN NEUGIERIGER HUND UND STÖBERT GERNE. WENN SIE ZU WEIT IN DAS UNTERHOLZ GEHT, HOLE ICH SIE ZURÜCK „AUF DEN WEG".

„LAAANGSAM"

Bei diesem Kommando soll der Hund sein Tempo verlangsamen und mehr in meiner Nähe bleiben, ohne „bei Fuß" gehen zu müssen.

Der Übungsaufbau erfolgt, indem Sie das Wort betont langgezogen und ruhig aussprechen und den Hund über den vor ihn gerichteten Körper mit entsprechender Handbewegung ausbremsen. In der Regel versteht ein Hund sehr schnell, was gemeint ist. Sobald er das Tempo verlangsamt, bestätigen Sie durch Lob, und nach einigen Schritten, die er langsamer gelaufen ist, lösen Sie ihn wieder aus dem Kommando, indem Sie ihm hierfür ein Signalwort (zum Beispiel „o.k." oder ähnliches) geben und den eigenen Körper wieder zurücknehmen, so dass der Weg frei gegeben wird.

Dieses Kommando setze ich gern ein, wenn ich zum Beispiel an unübersichtliche Wegstellen komme, die ich erst mal inspizieren möchte, bevor der Hund sich frei bewegen darf.

NACHDEM DIESE HÜNDIN DAS KOMMANDO „LAAANGSAM" ORDENTLICH AUSGEFÜHRT HAT, GEBE ICH IHR DEN WEG WIEDER FREI UND ZEIGE IHR, DASS DORT VORNE EIN BACH IST. IM WASSER SPIELEN ZU DÜRFEN, IST FÜR SIE DIE SCHÖNSTE BELOHNUNG.

„BLEIB"

Eine der wichtigsten Übungen ist das zuverlässige „Bleib" an einem Ort, der dem Hund zugewiesen wurde. Dabei spielt es keine Rolle, ob der Hund sitzt, liegt oder steht, weshalb ich es ihm freistelle, welche dieser Positionen er einnehmen möchte, nachdem ich das Kommando gegeben habe. Ist es zum Beispiel sehr heiß, darf der Hund sich gern hinlegen – ist es unangenehm nass und kalt, wird der Hund das Kommando mit Sicherheit zuverlässiger ausführen, wenn er stehen darf, statt sich setzen oder legen zu müssen, während er friert.

Beim Übungsaufbau sollten Sie auf folgende Punkte achten: Geben Sie Ihrem Hund das Kommando „bleib" mit freundlich auffordernder Stimme und entfernen Sie sich ein oder zwei Schritte von ihm, während Sie den Blickkontakt mit ihm halten. Gehen Sie zu ihm zurück und belohnen Sie ihn, wenn er geblieben ist. Wiederholen Sie diese wenigen Schritte ein zweites Mal und lösen Sie den Hund dann mit seiner Belohnung aus dem Kommando auf. Denken Sie daran, ihn nicht zu tadeln, wenn er seine Körperposition verändert – nur falls er den angewiesenen Ort verlässt, wird er korrigiert. Wenn Ihr Hund allmählich begreift, dass

er bleiben und auf Sie warten soll, erweitern Sie innerhalb mehrerer Tage die Schrittfolge allmählich, bis Sie bei etwa 15 Schritten angekommen sind. Dann können Sie den Schwierigkeitsgrad erhöhen, indem Sie ihm beim Weggehen den Körper nur noch halb zuwenden, sich also schon ein bisschen herumdrehen – auch diesen Übungsschritt bauen Sie wieder langsam und behutsam auf, bis Sie sich nach einigen Tagen halb abgewandt bis auf 15 Schritte entfernen können. Nun steigern Sie den Schwierigkeitsgrad erneut, indem Sie sich ganz herumdrehen, während Sie von ihm weggehen – und auch diesen Übungsschritt bauen Sie wieder sorgfältig auf.

Tipps:

Es gibt ein paar kleine, aber sehr effektive Kniffe, mit denen Sie Ihrem Hund das Bewältigen der Übung erleichtern können:

- Wenn Sie sich von ihm entfernen, sprechen Sie nicht mit ihm – das könnte ihn ermuntern, Ihnen nachzulaufen.
- Wiederholen Sie nicht ständig das Kommando, während Sie sich von ihm entfernen – Ihr Hund könnte leicht missverstehen, dass Sie doch etwas anderes von ihm erwarten, wenn Sie dauernd eine Anweisung wiederholen, die er ja bereits ausführt.
- Wenn Sie beim Zurückkommen auf ihn zulaufen, gehen Sie ruhig und langsam und bleiben Sie mit einem Schritt Abstand vor ihm stehen – denn wenn Sie sich ihm sehr schnell nähern und erst ganz dicht vor ihm anhalten, könnte er Angst bekommen, umgerannt zu werden, was ihn zum Aufstehen bewegt.
- Rufen Sie Ihren Hund in den ersten drei bis sechs Monaten niemals aus der Übung „bleib" ab, sondern gehen Sie immer zu ihm zurück und lösen Sie ihn dann aus dem Kommando auf. So lernt er, auch bei Ablenkungsreizen zuverlässig darauf zu warten, von Ihnen abgeholt zu werden – denn er kennt es nicht anders.
- Bauen Sie Ablenkungsreize langsam und „gering dosiert" ein, damit Ihr Hund nicht überfordert, sondern von einem kleinen Erfolg zum nächsten geführt wird.

Korrektur:

Natürlich kann es – vor allem im Übungsaufbau – passieren, dass Ihr Hund doch einmal den zugewiesenen Ort verlässt und Ihnen nachläuft, was korrigiert werden muss. Beachten Sie hierbei folgende Punkte:

- Schimpfen Sie ihn nicht! Ein Hund, der geschimpft wird, wird unsicher und nervös – und somit fällt es ihm noch schwerer, die Übung korrekt auszuführen.
- Bringen Sie ihn ruhig genau an den Ausgangspunkt zurück. Er soll lernen, dass er sich nicht „heimlich" immer weiter vorwärts arbeiten kann.
- Wiederholen Sie dann die Übung mit einer geringeren Distanz als der, bei der er eben aufgestanden ist. Waren Sie also bei acht Schritten, als er Ihnen nachlief, versuchen Sie es mit sechs Schritten – Ihr Hund soll so schnell wie möglich wieder zum Übungserfolg kommen, und wenn die Distanz vorher zu groß war, versuchen Sie es einfach mit einer geringen, die er dann wieder schafft und für die er gelobt werden kann.

Auch für diese Übung gilt es wieder, ein einfühlsamer und guter Lehrer zu sein. Das bedeutet, dass Sie die Anforderungen so portionieren, dass Ihr Hund sie bewältigen kann und vertrauensvoll in die Übung geht.

„SITZ" AUF ENTFERNUNG

Der Hund soll lernen, sich auf ein bestimmtes Hör- und Sichtzeichen dort abzusetzen, wo er sich gerade befindet. Ist dieses Kommando sauber aufgebaut und gut eingeübt, kann es zum Beispiel verwendet werden, wenn sich der Hund ein Stück vor seinem Menschen befindet und plötzlich Wild auftaucht.

DER JUNGE RÜDE FINDUS HAT GELERNT, DASS DER SENKRECHT ERHOBENE ARM BEDEUTET, SICH AN ORT UND STELLE HINZUSETZEN UND ZU WARTEN, BIS ER ABGEHOLT WIRD.

Voraussetzung für die Einübungen dieses Kommandos ist, dass der Hund schon gelernt hat, was „sitz" bedeutet. Es gibt mehrere Möglichkeiten des Übungsaufbaus, die einfachste und effektivste ist aber wohl die mit einem Helfer. Gehen Sie wie folgt vor:

Lassen Sie den Hund mit einer Person, die er kennt und mag, an der Leine ein Stück vorausgehen. Die Leine sollte nicht zu lang sein, sondern etwa auf einem Meter gehalten werden. Sobald beide etwa acht bis zehn Meter vor Ihnen sind, geben Sie Hör- und Sichtzeichen „sitz" wie in den Fotos beschrieben und warten einen Moment. Ihr Hund wird sich wahrscheinlich erst einmal umdrehen, sobald er Ihre Stimme mit dem vertrauten Kommando hört, und versuchen, zu Ihnen zu laufen – denn bisher kennt er das Absitzen ja nur in Ihrer unmittelbaren Nähe. Durch die Leine wird er daran gehindert. Wiederholen Sie das Kommando ein paarmal ruhig und freundlich, bis er sich schließlich setzt. In dem Augenblick, in dem er das tut, nehmen Sie den Arm für das Sichtzeichen runter, loben ruhig und freundlich (nicht zu überschwänglich, sonst steht der Hund eventuell vor Begeisterung wieder auf) und gehen zu ihm. Erst wenn Sie vor ihm stehen, lösen Sie das Kommando auf. Wiederholen Sie diesen Vorgang etwa vier- bis sechsmal, bis Sie merken, dass Ihr Hund allmählich versteht, dass er sich bei dieser Übung dort absetzen soll, wo er sich gerade befindet, und nicht mehr versucht, auf Sie zuzulaufen.

Wichtig: Ihr Helfer darf keinesfalls mit dem Hund reden. Sonst lernt er, auf dessen Anweisungen zu warten – Ihr Hund soll sich aber darauf konzentrieren, was *Sie* von ihm wollen. Der Helfer soll sich deshalb vollkommen passiv verhalten und einfach nur der „Leinenhalter" sein, der Ihren Hund daran hindert, auf Sie zuzulaufen.

Wichtig: Rufen Sie den Hund *niemals (!)* aus diesem Kommando ab. Er soll lernen, dass er so lange dort sitzen bleibt, bis Sie unmittelbar vor ihm stehen und ihn aus der Übung entlassen.

SUNNY KANNTE DEN SENKRECHT ERHOBENEN ARM BEREITS ALS SICHTZEICHEN FÜR DAS KOMMANDO „PLATZ AUF ENTFERNUNG", DESHALB HABEN WIR BEI IHR DEN WAAGRECHT NACH VORN GESTRECKTEN ARM ALS SICHTZEICHN FÜR DAS KOMMANDO „SITZ AUF ENTFERNUNG" VERWENDET. WELCHES ZEICHEN SIE MIT IHREM HUND EINÜBEN, IST EGAL; WICHTIG IST NUR, DASS ES GUT SICHTBAR UND FÜR DEN HUND EINDEUTIG VERSTÄNDLICH IST.

Die weiteren Arbeitsschritte bestehen darin, dass Sie die Übung in unterschiedlichen Entfernungen wiederholen, bis Sie sicher sind, dass Ihr Hund vollständig verstanden hat, worum es geht, und sicher sitzt, bis Sie bei ihm sind. Während dieses Arbeitsschrittes kann der Helfer die Leine auch schon mal länger lassen. Dann starten Sie den ersten Versuch ohne Helfer. Lassen Sie den Hund frei laufen und geben Sie ihm, wenn er wieder nur acht bis zehn Meter vor Ihnen ist, das Kommando. Setzt er sich, loben Sie wie immer betont ruhig, gehen ebenso ruhig zu ihm hin, lösen ihn aus dem Kommando, und dann erst geben Sie ihm seine Belohnung und loben noch mal überschwänglich. So lernt der Hund, dass er nach dem Absitzen die Konzentration noch halten soll und die Übung erst dann beendet ist, wenn Sie ihn vor ihm stehend entlassen haben. Schließlich üben Sie noch an dem Ablenkungsgrad, unter dem Sie das Kommando geben. Als „Generalprobe" sind hierfür zum Beispiel Wildgehege gut geeignet, denn sie bieten die Möglichkeit, in unmittelbarer Umgebung von Beutetieren zu üben, ohne die Gefahr eines tatsächlichen Angriffes einzugehen.

SELBSTSTÄNDIGES ABSITZEN BEIM ANBLICK VON BEUTE

Die „Meisterübung" besteht darin, dass der Hund lernt, sich beim Anblick von Beute *selbstständig* hinzusetzen und Blickkontakt mit seinem Menschen aufzunehmen. Am leichtesten ist die Übung mit jungen Hunden aufzubauen, aber es geht auch mit erwachsenen.

Für den Übungsaufbau ist wichtig, dass Ihr Hund das „Sitz" auf Entfernung sicher beherrscht und auch schon viele Male problemlos ausgeführt hat. Jetzt gehen Sie mit ihm zu dem Wildgehege, an dem Sie bereits mit ihm trainiert haben. Sobald er das Wild sieht, bleiben Sie ruhig stehen und halten Sie die Leine kurz (etwa 1,20 Meter lang), ohne an ihr zu ziehen. Warten Sie ab und sagen Sie gar nichts. Es wird nicht lange dauern, bis Ihr Hund Sie fragend anschaut – so nach dem Motto: „Sonst kommt hier immer das Kommando....?!" Schauen Sie ihn freundlich an und warten Sie ab. Geben Sie ihm Zeit zu überlegen. Sobald er sich setzt, geben Sie ihm ein Leckerchen und loben Sie ihn sanft. Nach der Auflösung des Kommandos loben Sie ausführlich. Wiederholen Sie diesen Übungsdurchlauf mehrfach zu unterschiedlichen Uhrzeiten und schließlich auch an unterschiedlichen Orten. Sobald sich Ihr Hund absetzt und Blickkontakt mit Ihnen aufnimmt, bekommt er ein Leckerchen, nach der anschließenden Auflösung des Kommandos wird er überschwänglich gelobt.

Jetzt brauchen Sie wieder einen Helfer. Dieser geht mit dem Hund an der Leine in Richtung des Wildgeheges und bleibt kommentarlos stehen, sobald dieser das Wild sieht. Wenn der Hund sich setzt, loben Sie aus dem Hintergrund (Entfernung etwa drei bis fünf Meter), gehen zu ihm, lösen ihn aus dem Kommando und geben ihm viele gute Leckerchen. Diesen Übungsschritt wiederholen Sie wieder mehrfach. Jetzt sind Sie kurz vor dem Ziel.

Sie schicken wieder den Helfer mit dem Hund an der Leine in Richtung eines Beutetieres. Setzt Ihr Hund sich bei dessen Anblick, verzögern Sie das Lob, bis Ihr Hund sich zu Ihnen umdreht, diesmal nach dem Motto: „Wo bleibt das Lob?!" Jetzt loben Sie ruhig, gehen Sie zu ihm, lösen Sie ihn aus dem Kommando und geben Sie den Jackpot. Viele, viele gute Leckerchen und ein riesiges Freuerchen über den tollen Hund! ☺

Wiederholen Sie auch diesen Übungsschritt mehrfach, variieren Sie die Entfernung, in der Sie sich zum Hund befinden, und lassen Sie schließlich den Helfer weg. Jetzt sitzt das Kommando zuverlässig.

BEIM ANBLICK VON POTENTIELLEN
BEUTETIEREN SETZT SICH JULE
SELBSTSTÄNDIG AB UND FRAGT
MICH, WAS WIR JETZT MACHEN.

FEHLERQUELLEN IM TRAINING...

...gilt es zu vermeiden. Die häufigsten sind:

○ Der Hund wird dauernd gerufen, kann sich kaum noch ein paar Schritte vorwärts bewegen, ohne gleich ein Kommando zu bekommen. Es wird nicht lange dauern, bis er auf „Durchzug" schaltet.

○ Es wird immer das gleiche Kommando benutzt. Nach dem sechsten Mal innerhalb von drei Minuten ist jede noch so positiv und interessant aufgebaute Übung langweilig.

○ Eine Kontaktaufnahme des Hundes wird vom Hundeführer immer mit einem Kommando beantwortet. Der Hund lernt schnell, lieber keinen Kontakt mehr aufzunehmen, um weiteren Anweisungen zu entgehen.

○ Der Hund soll *dauernd* was Tolles machen. Ständige Party wird jedem irgendwann zu viel – auch Ihrem Hund.

○ Die Anforderungen werden zu schnell zu schwierig gestaltet, der Hund scheitert deshalb an seinen Aufgaben. Geben Sie ihm mehr Zeit und führen Sie Ablenkungsreize langsam und allmählich ein.

○ Der Hund wird so stark auf ein Spielzeug fixiert, dass er zum „Spieljunkie" wird. Mag sein, dass er durch ständiges Herumfuchteln mit Ball oder Stöckchen für den Augenblick abzulenken ist, insgesamt hält ihn das aber nicht vom Jagdverhalten ab. Außerdem besteht die Gefahr, dass sich hieraus andere Probleme wie Beuteaggression oder mangelndes Interesse an Sozialpartnern ergeben.

○ Die Motivation für die Übung ist nicht hoch genug. Dies kann am uninteressanten Leckerchen, einer monotonen Stimme oder einer nicht ausreichend einladenden Körperhaltung liegen. Überprüfen Sie zunächst sich selbst, bevor Sie den Fehler beim Hund suchen. War Ihre Stimme wirklich freundlich auffordernd? Haben Sie Wurst und Käse (oder was immer Ihr Hund am liebsten mag) statt langweiliger Trockenfutterpellets eingesteckt? Hat Ihre Körpersprache Freude an der gemeinsamen Arbeit zum Ausdruck gebracht? Falls Sie alle diese Fragen mit „Ja" beantworten können und Ihr Hund trotzdem nicht auf Zuruf gekommen ist, auch für andere Aufgaben nicht zu begeistern war, müssen Sie auch in Betracht ziehen, dass er krank sein könnte oder einfach einen schlechten Tag hat. Lassen Sie es für heute. Ist Ihr Hund morgen noch immer unmotiviert und lustlos, sollten Sie mit ihm zum Tierarzt gehen, um sichergehen zu können, dass nicht doch eine Erkrankung die Ursache für sein Verhalten ist. Große Hitze wirkt ebenfalls sehr ermüdend auf viele Hunde und lässt sie schlapp und erschöpft erscheinen. Hier wäre es sinnvoll, die gleichen Übungen oder Aufgabenstellungen am kühlen Morgen oder Abend durchzugehen, um zu sehen, ob Ihr Hund dann nicht munterer und interessierter bei der Sache ist.

○ Etwas hält Ihren Hund davon ab, die gestellte Aufgabe zu erfüllen. Am häufigsten ist dies bei Abrufübungen der Fall. Manchmal erzählen mir Kunden frustriert, dass Ihr Hund bei mir sofort und freudig kommt, bei ihnen die gleiche Übung aber nur zögerlich oder sogar gar nicht ausführt. Häufig liegt das an Dingen, die dem Kunden in keiner Weise bewusst sind. Hier ein Beispiel: Ein junger Mann ärgerte sich darüber, dass sein Gordon Setter bei mir immer gern kam, wenn ich ihn rief. Rief er ihn, kam er langsam und beschwichtigend, als erwarte er eine Strafe. Der junge Mann war aber wirklich immer freundlich zu seinem Hund und konnte sich dessen Verhalten deshalb nicht erklären. Ich schon! Er war Kettenraucher, und sobald der Hund bei ihm ankam, streichelte er ihn überschwänglich und voller Freude im Kopfbereich – mit einer angezündeten, qualmenden, stinkenden Zigarette in der Hand, was für den Hund sehr unangenehm war.

○ Last not least der größte aller Fehler: Der Hundehalter ist davon überzeugt, dass sein Hund (zumindest bei ihm) sowieso nicht gehorchen wird, und strahlt dies somit auch aus. Statt voller Zuversicht und mit Sicherheit in das gemeinsame Training zu gehen, konzentriert er sich von Anfang an darauf, dass es wahrscheinlich nicht klappt. Und genau so wird es dann auch sein!

Ist es Ihnen auch schon einmal so gegangen? Haben Sie darüber nachgedacht, warum dies so ist? Ein Grund hierfür ist, dass Sie Unsicherheit und Ängstlichkeit ausstrahlen, was der Hund natürlich bemerkt und entsprechend reagiert. Ein anderer, dass Sie ihm gerade ein gedankliches Bild darüber geschickt haben, was er tun wird – aber es war das Bild Ihrer Befürchtungen. Haben Sie schon einmal darüber nachgedacht, ob es so etwas wie mentale Kommunikation zwischen Mensch und Tier wirklich gibt? Probieren Sie es aus. Rufen Sie den Hund mit der festen Erwartung, dass er gerne kommen wird, um etwas Tolles mit Ihnen zu machen. Konzentrieren Sie sich dabei auf das Bild, wie er bereits auf Sie zuläuft – und dann warten Sie ab, was passiert...

🐾 HILFSMITTEL IM TRAINING

Grundsätzlich bin ich kein großer Freund von allzu viel Ausrüstungsgegenständen. Gerade wenn es um das Thema des unerwünschten Jagdverhaltens geht, wird eine Vielzahl von Gerätschaften empfohlen, deren Anwendung häufig unsinnig, tierschutzrelevant oder beides ist. Näheres dazu finden Sie in dem Kapitel „Trainingsmethoden und ihre Grenzen".

Neben den bereits erwähnten wirklich attraktiven Leckerchen brauchen Sie aber unbedingt gute Leinen. Sie bieten Ihnen die Gelegenheit, Ihren Hund unter Kontrolle zu halten, und sind richtig eingesetzt eine wertvolle Trainingshilfe.

DIE LEINE

Für das gelegentliche Anleinen auf Spaziergängen oder den Gang durch den weniger belebten Ortsbereich empfehle ich Ihnen eine drei Meter lange Leine aus Leder oder hochwertigem Nylon. Sparen Sie hier nicht am Anschaffungspreis, das zahlt sich auf Dauer nicht aus, und achten Sie darauf, dass das Material weich ist, damit Sie sich nicht verletzen, wenn Sie im „Ernstfall" schnell in die Leine greifen müssen oder Ihnen die Leine durch die Hand rutscht. Sie sollte nicht kürzer sein, damit der Hund sich in einem gewissen Radius um Sie herum bewegen kann, ohne gleich in den Zug zu kommen. Schließlich muss er auch mal die Gelegenheit haben, links und rechts am Wegesrand zu schnüffeln, ohne zu ziehen. Im Innenstadtbereich können Sie die Leine einfach etwas kürzer nehmen oder auf eine zwei Meter lange Leine umsteigen.

**Wenn Sie die Leine benutzen,
beachten Sie Folgendes:**

Die Leine ersetzt nicht die Kommunikation! Häufig begehen die Hundeführer den Fehler, weniger auf den Hund zu achten und ihm keine klaren Anweisungen zu geben, wenn er an der Leine ist, weil sie sich in der Sicherheit wiegen, dass er ja nicht einfach weglaufen kann. Häufig ergibt sich hieraus das Bild eines Hundes, der an seiner Leine einfach „mitgeschleift" wird. Kürzlich beobachtete ich zum Beispiel bei einem Spaziergang eine junge Frau, die Ihren West Highland Terrier hinter sich herzog, während dieser vergeblich, aber doch dringend versuchte, sich zum Koten abzusetzen. Es war ihr nicht egal, und sie wollte ihn auch bestimmt nicht daran hindern, einen Haufen zu machen. Sie passte nur einfach nicht auf, weil sie mit ihren Gedanken offensichtlich woanders war. Ich sprach sie an, und sie bedankte sich sehr freundlich für den Hinweis und blieb dann auch stehen, damit ihr Hund sich lösen konnte.

Nutzen Sie stattdessen lieber die Gelegenheit, Ihren Hund in der Nähe zu haben, um eine Kommunikation aufzubauen, die Sie später auch ohne Leine einsetzen können. Sagen Sie ihm mit entsprechender Richtungsanzeige der Hand, wo Sie jetzt langgehen möchten. Sprechen Sie ihn an, wenn Sie nach längerem Laufen stehen bleiben möchten, und teilen Sie ihm auch mit, wann es wieder weitergeht.

Gerade wenn Ihr Hund relativ häufig an der Leine laufen muss, ist es wichtig, dass Sie mitgehen, wenn er ein kleines Stück in die Wiese laufen möchte. Warten Sie auf ihn, wenn er einmal besonders ausgiebig schnüffeln will. Wenn er immer nur in gleichmäßigem Tempo auf der gleichen Körperseite neben Ihnen herlaufen soll, hat er nicht viel von seinem Spaziergang.

INSBESONDERE DANN, WENN IHR HUND HÄUFIG AN DER LEINE LAUFEN MUSS, IST ES WICHTIG, DASS SIE IHM DURCH EINE AUSREICHEND LANGE LEINE GENUG BEWEGUNGSFREIHEIT VERSCHAFFEN. GEBEN SIE IHM ZEIT, AUSGIEBIG ZU SCHNÜFFELN, UND VERLASSEN SIE RUHIG MAL DIE WEGE, DAMIT ER NEUES ERKUNDEN KANN.

Lassen Sie sich nicht von Leuten verunsichern, die Ihnen einreden wollen, ein Hund, der viel an der Leine gehen müsse, sei ein ganz armer Kerl, denn das stimmt so nicht. Lässt man einen Hund zum Beispiel zwar ohne Leine, aber ständig „bei Fuß" laufen, so hat er weniger Freiheit als ein Hund, der sich innerhalb seines großzügigen Leinenradius frei bewegen darf.

Wenn Sie den Hund ableinen, achten Sie *unbedingt* darauf, dass er hierbei das Kommando „sitz" oder „steh" (je nach Wetter) einhält und erst losläuft, wenn Sie es auflösen. Keinesfalls ist es sinnvoll, dass der Hund wie eine abgeschossene Rakete davonrast, kaum dass er das Klicken des Karabiners gehört hat, denn er soll ja nicht lernen, dass er gleich mal abhauen kann, sobald die Leine runter ist.

Deshalb löse ich dieses Kommando auch immer mit betont ruhiger Stimme auf. Oft genug habe ich Hundeführer beobachtet, die mit aufgeregter Stimme „Jetzt saus aber los!!!" riefen, während sie ableinten, worauf der Hund dann auch wirklich wie ein Irrer davonjagte. Stimmungsübertragung funktioniert – wie bereits erwähnt – in jede Richtung...

DIE SCHLEPPLEINE

Bei der Schleppleine empfehle ich eine Länge von zehn Metern, denn die Erfahrung zeigt, dass noch längere Leinen Probleme bei der Handhabung machen. Ständig sind sie verknotet oder irgendwo verwickelt. Hinzu kommt, dass ich den Hund ja durchaus in meiner Nähe halten will, um mit ihm zu arbeiten. Läuft er 20, 30 oder gar 40 Meter vor mir, kann man nicht wirklich davon sprechen, dass man ihn jederzeit unter Kontrolle hat.

Für die Arbeit mit der Schleppleine gelten im Grunde die gleichen Kriterien wie die für die drei Meter lange Leine, allerdings würde ich Ihnen hier beim Material unbedingt zu einem guten Leder raten. Die Anschaffungskosten sind zwar etwa doppelt bis dreifach so hoch, diese Investition zahlt sich jedoch in der Langlebigkeit des Materials zehnfach aus. Hinzu kommt, dass sich aus Nylon oder Baumwolle gewebte Leinen bei Nässe so vollsaugen, dass sie sehr schwer werden und sich im vom Schleifen aufgerauten Gewebe Ästchen, Steinchen, Blätter usw. festhaken, die auch wieder für unnötiges Gewicht sorgen und Ihnen beim Arbeiten die Hände verschmutzen.

Beginnen Sie die Arbeit mit der Schleppleine zunächst in offenem Gelände, denn dort ist die Handhabung einfacher. Nachdem Sie etwas Übung mit einer so langen Leine haben, können Sie auch Waldspaziergänge damit machen. Halten Sie die Schlaufe in der Hand und lassen Sie die Leine auch wirklich auf dem Boden schleppen, denn von einer sauber aufgerollten Leine in Ihrer Hand hat Ihr Hund nichts. Sie wollen schließlich seinen Bewegungsfreiraum vergrößern, und das erreichen Sie nur, wenn Sie ihm auch wirklich die gesamte Länge der Leine zur Verfügung stellen.

Sie müssen aber aufmerksam arbeiten, denn wenn Ihr Hund tatsächlich ein Beutetier sieht, müssen Sie die Leine schnell verkürzen. Das können Sie tun, indem Sie entweder weiter vorn in die Leine reingreifen oder sie zügig aufwickeln. Springt Ihr Hund nämlich mit zehn Metern Anlauf in die Leine, erhalten Sie einen Ruck in die Wirbelsäule, den Sie deutlich – und schmerzhaft! – spüren werden. Haben Sie einen großen, kräftigen Hund, werden Sie einfach umgerissen.

Lassen Sie das Ende der Leine niemals los! Die Schleppleine ist nicht dazu da, einfach nur am Hund dranzuhängen, während sich dieser unkontrolliert durch das Gelände bewegt. Das ist viel zu gefährlich! Im Laufe der Jahre habe ich bei der Suche nach vielen Hunden geholfen, die sich mit ihrer wild herumschlackernden Schleppleine aus dem Staub gemacht haben – und sich dann im Unterholz, an Gebäuden oder sonst irgendwo verwickelt haben und nicht mehr frei kamen. Jacko, einen Münsterländer, haben wir drei Tage lang gesucht, ehe wir ihn völlig verstört an einem Heuschober fanden, unter dessen Holzlatten sich die Leine verfangen hatte. Noch schlimmer erging es Moses, einem kurzhaarigen Mischling aus Portugal. Er war im Winter bei –10°C gegen 16.00 Uhr einem Reh hinterhergerannt und im Wald verschwunden. Als seine Besitzer ihn um 20.00 Uhr noch immer nicht gefunden hatten und das Thermometer inzwischen auf –15°C gesunken war, riefen sie mich an und baten um Hilfe bei der Suche. Gegen 20.45 Uhr traf ich mit mehreren Hundeführern und ihren Hunden am Abgangsplatz ein, und wir begannen mit der Suche. Um 23.30 Uhr fanden wir Moses stark unterkühlt, am ganzen Körper zitternd und bebend vor Kälte bei inzwischen –18°C. Seine Leine hatte sich um einen Busch gewickelt, er kam nicht mehr selbstständig frei. Wir brachten ihn sofort zum Tierarzt, und dieser bestätigte uns, dass er die Nacht nicht überlebt hätte – eventuell nicht einmal die nächsten Stunden.

Benutzen Sie die Schleppleine nur, wenn Ihr Hund ein gut sitzendes Brustgeschirr trägt! Alles andere ist unverantwortlich, denn wenn er mit mehreren Metern Anlauf in sein Halsband rennt, kann es zu schweren gesundheitlichen Schäden an Halswirbelsäule, Kehlkopf und Luftröhre kommen. Ich möchte Ihnen hierzu auch die Broschüre „Rückenprobleme beim Hund" von Anders Hallgren empfehlen. Hallgren belegt anhand einer wissenschaftlich durchgeführten Studie die Gefährlichkeit einer langen Leine am Halsband. Meiner Meinung nach ist das Tragen des Brustgeschirres immer sinnvoller als das Tragen eines Halsbandes – beim Schleppleinentraining ist es unabdingbar!

Regeln für den Einsatz der Schleppleine:

- das Ende der Leine niemals loslassen,

- konzentriert spazieren gehen, um die Leinenlänge eventuell zu verkürzen,

- die Schleppleine ausschließlich mit gut sitzendem Brustgeschirr kombinieren.

NASENARBEIT – WIRD DANN NICHT ALLES NOCH VIEL SCHLIMMER?

Die Antwort auf diese Frage ist eindeutig NEIN. Zwar behaupten viele Leute, dass der Jagdtrieb eines Hundes nur noch ausgeprägter würde, wenn man mit ihm Nasenarbeit mache, weil er nun lerne, verschiedene Gerüche wahrzunehmen und ihnen zu folgen. Aber das ist natürlich wirklich Unsinn, denn

⊙ **Erstens** bringen wir dem Hund ja nicht das Riechen bei – das kann er schon. Ein Hund nimmt unendlich viele Gerüche wahr und geht ihnen auch nach. Wäre das nicht so, hätten wir nur halb so viele Probleme mit seinem Jagdverhalten. Er würde dann nämlich nur noch jagen gehen, wenn er das Beutetier *sieht*.

⊙ **Zweitens** üben wir das Fährten, die Stoffidentifikation oder die Verlorensuche nicht mit Dingen, die frei im Wald herumlaufen wie zum Beispiel Stücke vom Reh, vom Hasen oder Eichhörnchen, sondern legen die Schleppen entweder mit dem Fußabtritt einer zu findenden Person oder mit Stoffen, die der Hund vorher als Einleitung zu einer Futterbelohnung kennen gelernt hat. Zum Beispiel lässt man ihn an einer Karotte schnüffeln und gibt ihm hierfür ein Stück Fleisch. Wiederholt man diesen Vorgang ein paarmal, verknüpft der Hund schnell, dass der Geruch von Karotten das Fleisch ankündigt, das er nun gleich erhalten wird. Jetzt ist es kein Problem mehr, den Hund begeistert einer Karottenspur quer durch den Wald folgen zu lassen, denn er weiß ja, dass ihn dieser Geruch zu etwas noch wesentlich Attraktiverem führt als zu Kaninchenfutter.

⊙ **Drittens** ist es immens wichtig, dem Hund eine Gelegenheit zu bieten, seine natürlichen Anlagen und Triebe auch ausleben zu können. Wie könnten wir das besser, als durch die gezielte Lenkung seiner von Mutter Natur mitgegebenen Talente in eine von uns gewünschte Richtung?!

⊙ **Viertens** bietet die Nasenarbeit die Möglichkeit, den Hund nicht nur körperlich und seinen Fähigkeiten entsprechend auszulasten, sondern ihn auch geistig zu fordern. Eine Kombination hieraus ist das, was – Mensch wie Hund – ausgeglichen und zufrieden macht.

⊙ **Fünftens** kenne ich kaum ein Training, das das Mensch-Hund-Team so sehr zusammenschweißt und somit für eine vertrauensvolle Bindung sorgt wie die Nasenarbeit. Der Hund darf seine Fähigkeiten unter Beweis stellen, der Mensch lernt, seinem Hund zu vertrauen und sich von ihm auf der Fährte führen zu lassen. Für viele Hundehalter übrigens eine ganz neue und sehr aufregende Erfahrung.

Bei der Nasenarbeit gibt es verschiedene Arbeits-richtungen, die ich Ihnen kurz vorstellen möchte:

FÄHRTENTRAINING Der Hund arbeitet eine Fährte aus und findet an deren Ende etwas. Die bekannteste Variante dieser Arbeit ist wohl die der Rettungshunde. In diesem Fall folgt der Hund einer Fährte, und findet er die gesuchte Person, zeigt er dies seinem Hundeführer an. Für diese Anzeige gibt es wieder verschiedene Möglichkeiten wie zum Beispiel das Bellen oder das so genannte Verbringen. Viele Jagdhunde lernen, eine Fährte zu verfolgen und nach Wild zu suchen, das entweder angeschossen oder angefahren wurde. Auch für den Familienhund ist die Fährtenarbeit eine interessante Beschäftigungsmöglichkeit. In diesem Fall findet der Hund am Ende Futter oder ein Spielzeug als Beloh-nung. Besonders interessant für das Thema uner-wünschtes Jagdverhalten ist hierbei, dass der Hund lernt, einer Spur nur dann zu folgen, wenn er das hier-für gelernte Signalwort hört.

FLÄCHENSUCHE Auf einer fest definierten Fläche werden Gegenstände deponiert, die der Hund finden soll. Man kann zum Beispiel ein Quadrat von 50 x 50 Metern oder auch ein bestimmtes Stück Wald oder Wiese als Fläche nehmen. Der Hund lernt, dieses Stück systematisch durchzuarbeiten und alle gefundenen Gegenstände zu seinem Menschen zu bringen. Hierfür erhält er eine Belohnung. Er kann aber auch lernen, auf dieser Fläche nach einer vermissten Person zu suchen und seinen Menschen zu dieser zu bringen, nachdem er sie gefunden hat.

BEIM TRAINING DER STOFFIDENTIFIKATION WIRD DER HUND JEDES MAL, WENN ER DEN GEWÜNSCHTEN GERUCH ERSCHNÜFFELT, GELOBT UND BELOHNT, SOBALD ER DIESEN (ZUM BEISPIEL DURCH ABSETZEN) ANZEIGT.

BEI DER FLÄCHENSUCHE LERNT DER HUND, GEGENSTÄNDE AUF EINER DEFINIERTEN FLÄCHE ZU SUCHEN UND ANZUZEIGEN ODER ZU BRINGEN.

STOFFIDENTIFIKATION Hier lernt der Hund, einen bestimmten Geruch von anderen zu unterscheiden und diesen anzuzeigen, wenn er ihn erschnüffelt. Die wohl bekannteste Arbeit in diesem Bereich ist die der Sprengstoff- oder Drogensuche. Man kann seinem Hund aber auch beibringen, bestimmte Lebensmittel zu finden, auf die man allergisch reagiert, oder er könnte auch lernen, den Geruch seines Besitzers zu identifizieren und zum Beispiel den eigenen Schlüsselbund aus fremden herauszusuchen. Eine andere interessante und dem Menschen wertvolle Dienste leistende Variante ist das Erschnüffeln von Krebszellen. Die Hunde werden dafür ausgebildet, einen Patienten abzuschnüffeln und anzuzeigen, falls sie Krebszellen an ihm riechen. Wissenschaftliche Studien in den USA haben ergeben, dass Hunde die Krankheit bereits in einem Frühstadium erschnüffeln können, noch bevor Tumore mit Hilfe technischer Geräte zu diagnostizieren sind.

Es gibt viele Möglichkeiten, den Hund über Nasenarbeit zu beschäftigen und auszulasten, und ich habe noch keinen erlebt, der nicht begeistert bei der Sache war, wenn man damit anfing. Ich möchte Ihnen hierzu das Buch „Spurensuche" von Anne Lill Kvam empfehlen, die als eine der besten Trainerinnen für Nasenarbeit weltweit gilt. Sie erklärt in ihrem Buch detailliert, wie man die einzelnen Übungsschritte aufbaut und den Hund mit viel Freude zum gewünschten Trainingserfolg bringt.

...UND DANN LASSEN SIE IHREN HUND NOCH LERNEN, BALANCIEREN UND PROBLEME LÖSEN

Weshalb? Weil man herausgefunden hat, dass es vier verschiedene Bereiche gibt, die einen Hund geistig – und teilweise auch körperlich – auslasten. Hierzu gehören

- die Nasenarbeit,
- das Lernen,
- das Lösen von Problemen,
- das Balancieren.

Wie schon erwähnt, beinhaltet die Nasenarbeit alles, was den Geruchssinn beansprucht. Das kann Flächensuche, Stoffidentifikation, Fährten oder in einem Raum nach versteckten Leckerchen schnüffeln sein.

DAS LERNEN Ein Hund kann vieles lernen. Grundgehorsam, Tricks, bestimmte Arbeitsaufgaben usw. Der Lernprozess erfordert viel geistige Energie, so dass der Hund schließlich ermüdet. Beim Training sollte aber darauf geachtet werden, dass der Hund gefordert, nicht *über*fordert wird. Versuchen Sie, Ihren Hund richtig einzuschätzen, und stellen Sie ihm Lernaufgaben,

die er bewältigen kann. Wenn Sie ihn mit allzu schwierigen Aufgabenstellungen überfordern, erreichen Sie genau das Gegenteil von dem, was Sie eigentlich wollten – statt eines selbstbewussten und zufriedenen Hundes erhalten Sie einen unzufriedenen und frustrierten.

DAS LÖSEN VON PROBLEMEN gehört zum natürlichen Verhalten aller Raubtiere, insbesondere beim Jagdverhalten. Ständig müssen Strategien entwickelt werden, wie Beute zu finden und zu überlisten ist. Wenn wir diese Art der Problemlösung nicht wünschen, sollten wir dem Hund andere Möglichkeiten geben, seine Intelligenz einzusetzen und zu fördern. Lassen Sie ihn zum Beispiel eine Schachtel öffnen, die Leckerchen enthält, oder lassen Sie ihn das Problem lösen, wie er einen sehr großen Stock durch den dafür eigentlich zu schmalen Türrahmen bekommt. So wird die Konzentrationsfähigkeit Ihres Hundes beansprucht und gefördert. Besonders empfehlen möchte ich die Lernspiele von Nina Ottosson, die Sie in gut sortierten Fachgeschäften oder über www.pfotenversand.de erhalten.

DIE DENKSPIELE FÜR HUNDE DER SCHWEDIN NINA OTTOSSON EIGNEN SICH HERVORRAGEND, UM EINEN HUND GEISTIG AUSZULASTEN. DER AUSTRALIAN-SHEPARD-RÜDE CHIPO IST, WÄHREND DIESE AUFNAHMEN GEMACHT WURDEN, GERADE DABEI, DAS PRINZIP DER EINZELNEN SPIELE ZU BEGREIFEN. SEINEM KONZENTRIERTEN GESICHT SIEHT MAN AN, DASS ER VOLL BEI DER SACHE IST.

DAS BALANCIEREN Der Hund kann über alles Mögliche balancieren. Lassen Sie ihn am Hindernisparcour arbeiten oder von einem Heuballen auf einen anderen springen. Er könnte auch auf einem Baumstamm balancieren, der am Wegesrand liegt, oder auf eine (nicht zu hohe!) Mauer springen.

Der bekannte schwedische Psychologe und Hundetrainer Anders Hallgren schreibt hierzu:

„Bei all diesen Aktivitäten wird der Hund geistig und körperlich ausgelastet, und alle ähneln dem Verhaltensrepertoire wild lebender Kaniden. Hunde sind, wie die meisten Säugetiere, aktive Tiere (Woodworth, 1958). Deshalb brauchen sie körperliche und geistige Auslastung, vorzugsweise über mehrere Sequenzen am Tag verteilt. So, wie der Körper Wasser und Nahrung braucht, benötigt das zentrale Nervensystem mentale Stimulation. Viele Hunde ruhen zu viel, da sie davon abhängig sind, dass wir die Initiative für die meisten ihrer Aktivitäten ergreifen. In der Natur, zum Beispiel bei Wölfen oder Wildhunden, wird ein Großteil der Energie für die Jagd verwendet. Da wir dieses Verhalten bei unseren domestizierten Haushunden nicht wünschen, muss die Energie ersatzweise für andere Aktivitäten wie Spaziergänge, Spiel und Training verwendet werden. Deshalb ist es auch wichtig, dass ein Hund (zumindest ab und zu) auch ohne Leine mit Höchstgeschwindigkeit laufen darf, dass er die Möglichkeit bekommt, nach Herzenslust zu rennen, zu toben, zu springen, wieder langsamer zu werden, wieder zu beschleunigen usw. Ein Hund muss die Möglichkeit haben, seinem Bewegungsdrang nachzukommen."

Neben dem beschriebenen Training zum Grundgehorsam und kommunikativen Spazierengehen sollten Sie deshalb unbedingt darauf achten, dass Ihr Hund insgesamt ausgelastet und zufrieden ist. Denn abgesehen davon, dass man sich für einen guten Freund wünscht, dass er glücklich mit uns zusammenlebt, beeinflusst auch das seine Bereitschaft zum – von uns Menschen unerwünschten, ihm aber im Blut liegenden – Jagdverhalten.

TRAININGSMETHODEN UND IHRE GRENZEN

REIZSTROMGERÄTE

An der Frage, ob während der Ausbildung eines Hundes mit Jagdtrieb ein Reizstromgerät eingesetzt werden sollte, scheiden sich die Geister. Selbst Trainer, die in ihren Hausprospekten mit Slogans wie „artgerecht", „fair und freundlich" oder „ohne Starkzwang" werben, wenden Reizstromgeräte wie das Teletakt an, weil angeblich nichts anderes helfe. Es wird argumentiert, dass dies zwar kein schöner, aber doch der einzig mögliche Weg sei, wo „man" jetzt durch müsse. Dem Besitzer wird ausgemalt, was seinem Hund alles Schreckliches widerfahren könnte, wenn er unkontrolliert durch die Gegend hetzt – leider wird in der Regel nicht mit gleichem blumigen Wortschatz beschrieben, was ein Hund erlebt und durchleidet, wenn man ihn dieser Art von „Training" aussetzt.

Und auch wenn manche Anbieter mit so klangvollen Namen wie „Innotek" oder „Free Spirit" ausgefeilte technische Finesse und einen „freien Geist" versprechen, ändert das nichts an der Tatsache, dass der Hund für instinktgesteuertes, genetisch fixiertes Verhalten mit Stromschlägen traktiert werden soll.

Abgesehen von der Frage, ob es überhaupt möglich ist, den Jagdtrieb eines Hundes durch Bestrafung dauerhaft unter Kontrolle zu bringen, sollte man, wenn einem diese Trainingsmethode von jemandem empfohlen wird, kurz innehalten und sich fragen, ob hier vielleicht der gesunde Menschenverstand und das Mitgefühl mit einem dem Menschen anvertrauten Lebewesen abhanden gekommen ist.

Niemand hat das Recht, ein Tier für ein Verhalten, das in evolutionären Prozessen über viele Jahrtausende entwickelt und als genetisches Erbgut angelegt wurde, mit Folter zu bestrafen – und nichts anderes sind Stromschläge. Wer dies anzweifelt, probiere es an sich selbst aus! Aber bitte nicht auf leichtester Stufe am Arm oder Oberschenkel. Das Gerät sollte straff um den Hals angelegt sein, die Fernbedienung hat eine andere Person, die in dem Moment den Stromschlag auf mittlerer bis höchster Stufe auslöst, in dem man irgendein beliebiges, für den Menschen normales (!), Verhalten zeigt.

DER EINSATZ VON REIZSTROMGERÄTEN IST MORALISCH NICHT VERTRETBAR UND KANN ZU GROSSEN GESUNDHETLICHEN UND PSYCHISCHEN PROBLEMEN BEIM HUND FÜHREN.

Kommt Ihnen dieser Gedanke geradezu absurd vor? Das ist er auch. Und zwar nicht nur beim Menschen, sondern auch bei Hunden. Hunde sind unsere Weggefährten, Familienmitglieder und Freunde, und deshalb sollten wir sie mit Achtung und Respekt behandeln und alles tun, um Schaden und Leid von ihnen fern zu halten. Ohne Wenn und Aber. So einfach ist das.

Trotzdem möchte ich an dieser Stelle erklären, weshalb auch dann nicht mit Reizstromgerät gearbeitet werden sollte, wenn man keinerlei ethische Bedenken hat, ein solches einzusetzen. Hunde lernen hauptsächlich über Assoziation, das heißt, über eine gedankliche Verknüpfung zweier Dinge, die zeitgleich oder innerhalb kürzester Zeitspanne geschehen. Auf dieser Idee beruht auch der Einsatz von Reizstromgeräten. Man will erreichen, dass der Hund das unerwünschte Jagdverhalten nicht mehr zeigt, weil er die gedankliche Verbindung zwischen diesem Verhalten und den schmerzhaften Stromschlägen hergestellt hat. Diese Idee birgt jedoch gleich mehrere unkalkulierbare Risiken in sich.

Niemand kann vorhersagen, ob der Hund im Moment des Stromschlags wirklich *die* gedankliche Verknüpfung herstellt, die vom Hundeführer gewünscht ist. Vor einigen Jahren zum Beispiel wurde mir ein Hund vorgestellt, der mit Reizstromgerät trainiert worden war. Er setze gerade zum Hetzen hinter einem Reh an, als der Stromschlag ausgelöst wurde. Im selben Augenblick flog ein Flugzeug am Himmel. Der Hund verknüpfte den Stromschlag mit dem „Ding am Himmel". Ergebnis: Ein Hund, der noch immer Rehe jagt – und bei jeglichem „Ding" am Himmel, sei es ein großer Vogel, eine dunkle Wolke, die sich vor die Sonne schiebt, ein Flugzeug, ein Heißluftballon oder was auch immer, in Panik ausbricht. Das geht so weit, dass er dann entweder versucht, sich unter Büschen zu verstecken und weigert weiterzugehen oder, wenn er sich auf offenem Feld ohne Versteckmöglichkeiten befindet, zum Auto oder nach Hause rast und dort am ganzen Körper zitternd auf seine Besitzer wartet. Diese sind verzweifelt und wünschen sich heute, sie hätten das Reizstromgerät nie zum Einsatz gebracht. Der Hund – und seine Besitzer – haben erhebliche Probleme im Alltagsleben, die es vorher nicht gab, gleichzeitig ist das ursprüngliche gar nicht gelöst, der Hund jagt nach wie vor. Bitte bedenken Sie: Diese Fehlverknüpfung hätte mit jedem beliebigen Ereignis oder Gegenstand oder auch einer Person stattfinden können! Der Hund sieht im Augenblick des Stromschlags einen alten Mann und fürchtet ab jetzt diesen oder auch alle älteren Männer. Oder er sieht ein Kind, das gerade vorbeigeht und verknüpft dieses mit der schmerzhaften Einwirkung – es gäbe tausende von Möglichkeiten, die vorher einfach nicht kalkulierbar sind.

Dorothée Schneider beschreibt in ihrem Buch „Die Welt in seinem Kopf" eindringlich, welche Risiken und Probleme der Einsatz von Strafreizen nach sich zieht:

„Damit der Hund aus einem Bestrafungsreiz das Gewünschte lernen kann, müssen verschiedene Voraussetzungen gegeben sein. Dazu gehört neben der entsprechenden Reizstärke vor allem auch die zeitliche Nähe von Verhalten und Strafe. Soll ein Strafreiz eingesetzt werden, um ein bestimmtes Verhalten (zum Beispiel Hetzen von Wild) abzutrainieren, dann muss der Strafreiz in dem Moment „am Hund" sein, in dem er gerade zur Hetzjagd starten will. Ist er erst einmal im Hetzen, ist es für eine entsprechende Lernverknüpfung zu spät. Strafe, die den Hund später als eine Sekunde nach der unerwünschten Verhaltensintension trifft, ist sinnlos! Der Trainer hat aber nicht die Möglichkeit, *immer und sofort* zu Beginn des unerwünschten Verhaltens strafend einzuwirken.

Zu bedenken ist außerdem das kontextbezogene Lernen des Hundes: Alles, was der Hund im Moment der Strafe sieht, riecht, schmeckt, fühlt oder hört, wird mit dem Strafreiz verknüpft und kann später Angstverhalten und Stress im Hund auslösen! Der Trainer hat aber nicht die Möglichkeit, ungewollte Nebenverknüpfungen der Strafe mit vorhandenen Umweltreizen auszuschließen. Und er hat vor allem auch nicht die Möglichkeit, allen ungewollt mit Strafe verknüpften Umweltreizen künftig auszuweichen.

Wird ein unerwünschtes Verhalten nicht *immer und sofort* bestraft, wenn es gezeigt wird, dann erhält jede ungestrafte Ausführung dieses Verhaltens stark belohnenden Charakter. Kommt der Hund also ab und zu doch durch, zum Beispiel, weil der Mensch gerade unaufmerksam war, weil er zu weit entfernt vom Hund steht oder weil das Stromimpulsgerät gerade mal wieder nicht funktioniert, wird der Hund für das (unerwünschte) Verhalten variabel belohnt. Die variable Belohnung etabliert ein Verhalten des Hundes besonders dauerhaft – dies gilt natürlich genauso für alle unerwünschten Verhal-

EIN KURZES GEMEINSAMES SPIEL ODER EIN LECKERCHEN ZUR BELOHNUNG STÄRKEN DIE BINDUNG, SCHAFFEN VERTRAUEN UND MACHEN HUND UND MENSCH SPASS. EIN TRAINING, DAS AUF GEWALTEINWIRKUNG UND STARKZWANG AUFGEBAUT IST, SOLLTEN SIE WEDER SICH NOCH IHREM HUND ANTUN.

tensweisen. Eine lückenlose Überwachung des Hundes, um das unerwünschte Verhalten *immer und sofort* strafen zu können, ist dem Trainer aber nicht möglich.

Damit Strafe auch die vom Menschen gewünschte Lernverknüpfung im Hund hervorbringen kann, müssten alle (!) oben aufgeführten Voraussetzungen erfüllt sein, aber keine einzige ist es! Betrachten wir die Wirksamkeit von Strafreizen also genau, so ergibt sich für uns folgendes Bild:

Im normalen Alltagsumfeld ist es nicht möglich, alle notwendigen Voraussetzungen vollständig und auf Dauer zu erfüllen. Beinhaltet das unerwünschte Verhalten noch dazu für den Hund eine hohe Motivation, dann werden im Körper Endorphine ausgeschüttet. Diese Stoffe kreisen im Blut, senken das Schmerzempfinden und erhöhen die Ausdauer. Endorphine werden bei nahezu allen instinktgesteuerten Verhaltensweisen ausgeschüttet. Bei stark triebbetonten Verhaltensweisen wird dieser Stoff ebenfalls im Körper gebildet. Die Endorphinausschüttung ist ein innerer Schutzmechanismus, der jedoch für die Stabilität von Instinktverhalten sorgt, selbst unter widrigsten Bedingungen, trotz harter Strafen. Instinktverhalten sichert das Überleben einer Art. Hinzu kommen noch die negativen Auswirkungen von Stress, unter die der Hund unwillkürlich gerät, wenn er Schmerz und Angst erleidet oder auch nur befürchtet. Einem Stresszustand ist der Hund bereits dann unterworfen, wenn er nur in Erwartung (!) eventuell bevorstehender Angstauslöser lebt – auch wenn ihm solche künftig völlig erspart werden."

In der im Jahr 1998 vom VDH (Verband für das Deutsche Hundewesen e.V.) veröffentlichten Studie „Grundlagen einer tierschutzgerechten Ausbildung von Hunden" wird eindeutig belegt, dass sich das Verhalten der Tiere nach Einsatz des Stromreizgerätes Teletakt deutlich von ihrem vorherigen Verhalten unterscheidet.

„Alle Hunde waren im Sozialverhalten gegenüber ihrem Halter stark beeinträchtigt. Alle, bis auf ein Tier, verhielten sich ängstlich, waren hektisch, blieben nicht beim Besitzer, wichen ihm vielmehr ständig aus. Ein Rottweiler, der vor der Stimulation mit dem Stromreizgerät durch ausgeprägte Umweltsicherheit und Imponieren aufgefallen war und dessen Loslaufen im Ansatz gestoppt werden konnte, trat im zweiten Testdurchgang ebenso sicher auf, wirkte jedoch gereizt und bedrohte die Testperson jetzt gerichtet. Ein Riesenschnauzer war nicht ansprechbar, verkroch sich wimmernd in der Ecke und zeigte Apathie. Auch die Umweltsicherheit war bei den meisten Hunden herabgesetzt, sie wichen Reizen aus, denen im ersten Durchgang angstfrei begegnet worden war, hockten bei geduckter Körperhaltung oder bewegten sich so und zeigten Angstkoten. Eine Kurzhaarteckelhündin lief in Panik zick-zack-artig über das Gelände, zeigte ausgeprägtes Fluchtverhalten und lief/ sprang dabei immer wieder gegen den Zaun."

Mit anderen Worten: Die von Befürwortern des Reizstromgerätes immer wieder aufgestellte Behauptung, die Behandlung sei gar nicht so schlimm für den Hund und er würde das Erlebte keinesfalls mit dem Besitzer verknüpfen, ist schlichtweg falsch.

Es stellt sich nun die Frage, ob diese Trainer dem Hundebesitzer diese Informationen bewusst vorenthalten oder ob sie über so wenig Fachkompetenz verfügen, dass sie wirklich nicht wissen, was sie da tun. Und es stellt sich die Frage, was von beiden eigentlich schlimmer ist...?!

Schließlich stellt sich für mich noch die Vertrauensfrage. Ich möchte, dass mein Hund mir vertraut und sich in jedem Moment darauf verlässt, dass ich ihn achte, schütze und fair behandle. Ich bin überzeugt davon, dass gegenseitiges Vertrauen die Grundlage einer guten Zusammenarbeit und Bindung ist.

Vertrauen ist das volle Wagnis, den anderen für zuverlässig in seinen Reaktionen und Verhaltensweisen zu erachten. Vertrauen ist das Eingehen einer Beziehung zum anderen, in der festen Erwartung, dass der andere es gut mit einem meint.

Dieses Vertrauen meiner Hunde oder der mir als Trainerin anvertrauten Hunde möchte und werde ich keinesfalls enttäuschen. Es versteht sich daher von selbst, dass dies den Einsatz von Reizstromgeräten oder anderen Angst und/ oder Schmerzen auslösenden Reizen unmöglich macht. Wie könnte ich (m)einem Hund so etwas Schreckliches antun?!

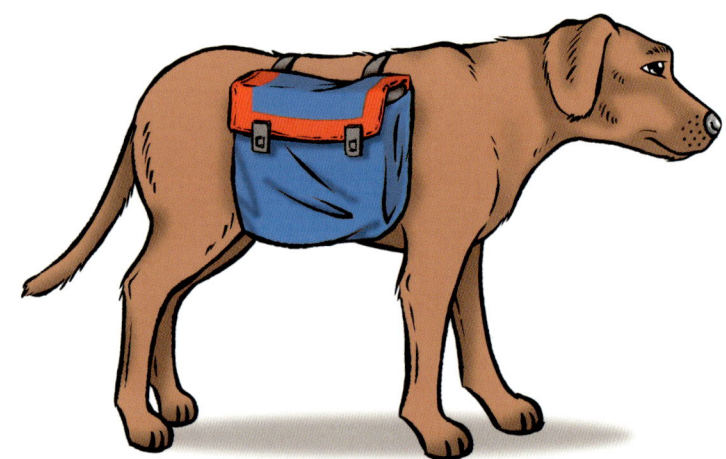

SCHWER BEPACKTE SATTELTASCHEN

Manchmal wird empfohlen, den Hund schwer bepackte Satteltaschen tragen zu lassen, weil dann seine Bereitschaft, schnell zu laufen, geschweige denn zu hetzen, gemindert würde. Die Erfahrung zeigt, dass dem nicht so ist. Beim Anblick eines Rehs oder Haken schlagenden Hasen ist schon so mancher Hund begeistert losgesaust – mitsamt seinen wild um ihn herum schlackernden Satteltaschen.

Ein weiteres Problem ist, dass der Hund, wenn diese Taschen falsch (zum Beispiel im Ungleichgewicht) oder zu schwer bepackt sind, erhebliche Rückenprobleme bekommen kann.

Sind die Taschen nicht wirklich gut abgepolstert, kann es zu schmerzhaften Druckstellen – vor allem im empfindlichen Bereich der Wirbelsäule – kommen.

SCHLEPPLEINE AM HUND, AN DER EIN GROSSER SCHWERER AUTOREIFEN HÄNGT

Ja, auch dieser Tipp wird immer wieder gegeben. Die Idee ist ähnlich wie bei den Satteltaschen: Durch das schwere Gewicht des Reifens und die Energie, die der Hund schon aufwenden muss, um diesen hinter sich her zu schleifen, vergeht ihm die Lust auf kräftezehrendes Jagen und Hetzen – allerdings auch auf den Spaziergang. ☹ Bei ängstlichen Hunden kann es sogar zu Panikattacken kommen, wenn plötzlich so ein großes schweres Ding polternd an ihnen dranhängt.

Zusätzlich stellt sich noch die Frage, wer über so viel Selbstbewusstsein verfügt, dass er mit seinem Hund derartig ausgestattet um den Block oder über die Felder marschieren mag…

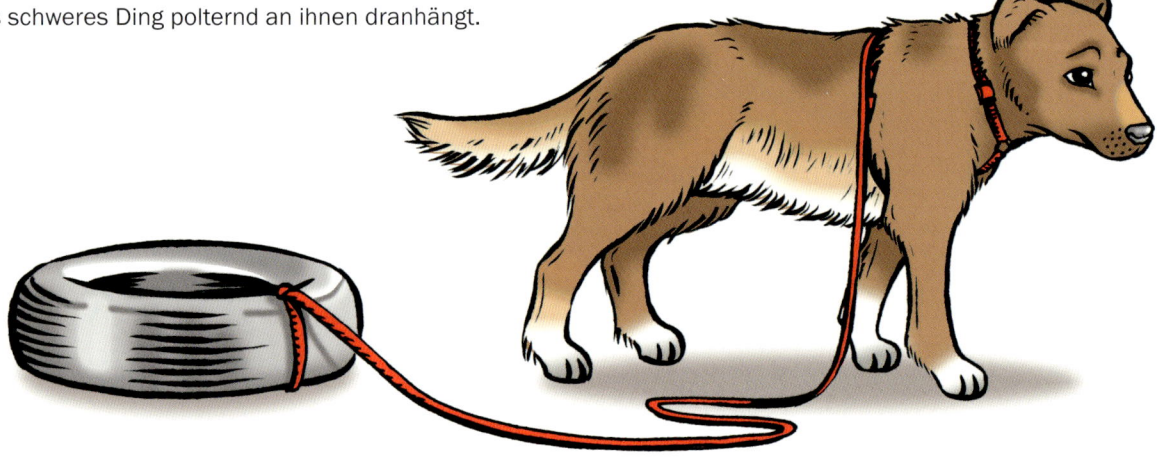

MASTER PLUS

Die „Softvariante" eines Reizstromgerätes. Der Hund trägt ein Band mit einem Empfänger um den Hals, der Mensch einen Auslöser in seiner Hand. Ist das Band richtig positioniert, sprüht ein kurzer heftiger Luftstoß von unten gegen den Fang des Hundes, sobald der Auslöser gedrückt wird. Der dadurch ausgelöste Schreck soll das unerwünschte Verhalten abbrechen. Das gibt dem Hundeführer Gelegenheit, ein erwünschtes Alternativverhalten einzuleiten, indem er zum Beispiel abruft. Die Theorie ist gut. Die Praxis sieht leider anders aus. Im Wesentlichen zeigen sich beim Hund drei verschiedene Reaktionen auf den Einsatz des Master plus:

○ Der Hund ist überrascht, bleibt stehen und reagiert anschließend auf das Rufen seines Besitzers. Das Problem: Spätestens nach zwei bis fünf Durchläufen ist er nicht mehr überrascht und rennt einfach weiter.

○ Der Hund ist auch schon beim ersten Mal nicht überrascht und rennt weiter.

○ Der Hund ist sehr sensibel und erschrickt durch den Luftstoß so stark, dass er das gezeigte Verhalten wirklich abbricht. Das Problem: In der Regel ist ein so sensibler Hund von diesem Ereignis nicht nur beeindruckt, sondern verängstigt. Es kann während des Einsatzes oder danach zu ähnlichen Problemen kommen wie nach der Anwendung eines Reizstromgerätes.

Hinzu kommt, dass das Gerät relativ unzuverlässig arbeitet. Mal kommt der Luftstoß zeitverzögert, mal gar nicht. Bei feuchtem Wetter oder hügeligem Gelände zum Beispiel versagt die Technik häufig. Leider lässt es sich auch durch Sender auslösen, die in unmittelbarer Umgebung positioniert sind. Laufen Sie also zum Beispiel mit Ihrem Hund in einem Park, und in unmittelbarer Nähe löst jemand anderes bei seinem Hund das Master plus aus, so kann es sein, dass Ihr Hund ebenfalls einen Luftstoß erhält – ohne ein Verhalten gezeigt zu haben, das Sie unterbrechen wollten. ☹

DAS MASTER PLUS IST EIN UNGEEIGNETES HILFSMITTEL IM TRAINING. DESHALB SEHEN SIE ES HIER AUCH NUR UM DEN HALS UNSERES DEKO-HUNDES AUS GIPS GEBUNDEN.

LEBENSLÄNGLICH (LEINE/ SCHLEPPLEINE)

Richtig eingesetzt ist sowohl die Leine, als auch die Schleppleine ein sinnvolles Arbeitsmittel (vergleiche auch im Kapitel über das Training), und tatsächlich gibt es Hunde, deren Jagdtrieb so stark ausgeprägt ist, dass es entweder sehr lange dauert, ehe man deutliche Erfolge mit einem Trainingsprogramm erzielt oder – in Extremfällen – mit diesem sogar scheitert. Häufig ist es aber so, dass Erziehungsversuche viel zu schnell aufgegeben werden und der Hund dann „lebenslänglich" an der Leine hängt.

Ich habe erst einen Hund kennen gelernt, bei dem ich schon nach dem ersten gemeinsamen Spaziergang wusste, dass man seinen Jagdtrieb niemals wirklich unter Kontrolle bringen würde. Bei diesem Hund handelt sich um eine Mischlingshündin namens Fengari, die einer Kollegin von mir gehört. Wir gingen an einem Flussufer entlang, meine eigenen Hunde, von denen zwei über einen durchaus stark einzuschätzenden Jagdtrieb verfügen, waren auch dabei und liefen frei, Fengari war an einer zehn Meter langen Schleppleine. Die Gegend, in der wir liefen, ist „ungefährlich", da praktisch frei von Wild, und von einem verlockenden Jagdgebiet trennte uns ein ziemlich breiter Fluss mit starker Strömung, an dem wir entlangliefen. Wir waren sicher, dass kein Hund so verrückt wäre, sich in diese Fluten zu werfen, und da Fengari mit sehnsüchtigem Blick zu meinen am Ufer spielenden Hunden schaute, entschlossen wir uns, sie abzuleinen. Wo könnte sie schon hin, sie wollte doch nur mit den anderen spielen, und diesen Spaß sollte sie doch ruhig haben...

Was dann folgte, belehrte uns eines Besseren. Ohne auch nur eine einzige Sekunde zu zögern, raste Fengari die wenigen Meter zum Fluss, stürzte sich in das Wasser, durchschwamm es sehr geschickt, indem sie sich, wenn ihre Kräfte, gegen die Strömung anzukämpfen, nachließen, einfach mit ihr weitertragen ließ, bis sie schließlich etwa 150 Meter schräg versetzt am anderen Ufer ankam und schnell wie der Blitz über eine Wiese rannte und im angrenzenden Wald verschwand. Ich muss zugeben, dass ich relativ fassungslos war. Meine Gefühle schwankten zwischen grenzenloser Bewunderung für die Fähigkeiten dieses Hundes (sie würde sicher überleben, wenn man sie in der Wildnis aussetzte!), Sorge, dass ihr etwas passieren könnte, und Kopfschütteln, dass wir die Situation so falsch eingeschätzt hatten. Meine Kollegin sagte achselzuckend: „Ich habe Dir ja gesagt, dass sie über einen *sehr starken* Jagdtrieb verfügt. Aber sie kommt mit Sicherheit zurück, wir müssen jetzt halt warten."

Nach etwa 25 Minuten tauchte sie am anderen Ufer wieder auf. Ich machte mir Gedanken darüber, wie wir sie wieder auf unsere Seite bekommen würden. Sie war offensichtlich die ganze Zeit herumgerannt und dementsprechend erschöpft. Sicher würde sie kein zweites Mal den Weg durch den Fluss nehmen. Während ich also darüber nachdachte, das Auto zu holen und die etwa fünf Kilometer zur nächsten Brücke zu fahren, um sie dann drüben einzusammeln, sprang Fengari ohne viel Aufhebens in den Fluss, wandte wieder die gleiche Technik des Schwimmens und Treibenlassens an, kletterte über die Böschung hinaus und rannte begeistert zu uns.

Als sie bei uns ankam, bemerkte ich etwas, das ich noch nie zuvor gesehen hatte. Fengari strahlte nicht nur über das ganze Gesicht, sie hatte die Augenfarbe gewechselt. Ihr Blick war hektisch und wild, die Farbe der Augen war gelblich-bernsteinfarben-leuchtend. Sie war geradezu ekstatisch glücklich über ihren Ausflug, obwohl sie mit Sicherheit keine Beute gemacht hatte. Weder hätte die Zeit dafür ausgereicht, noch war sie blutverschmiert. Aber sie hatte das Gefühl der Freiheit gekostet, hatte sich für diese knappe halbe Stunde ganz ihren Trieben hingegeben und war einfach nur ihren Instinkten gefolgt.

FENGARI HAT MICH TIEF BEEINDRUCKT.
WENN SIE DIE GELEGENHEIT
ZUM FREILAUF BEKOMMT,
BRECHEN IHRE INSTINKTE
UNGEBREMST DURCH. SIE WÜRDE
SICHER ÜBERLEBEN, WENN SIE
IN DER WILDNIS AUF SICH
SELBST GESTELLT WÄRE.

Ihre Besitzerin bemerkte es auch, und wir hatten den gleichen Gedanken: War es für diesen Hund überhaupt in Ordnung, dieses stark reglementierte Leben in einem Industriestaat in Mitteleuropa zu leben? Konnte man ihrem Freiheitsdrang, ihren so stark ausgeprägten Instinkten je gerecht werden? War es die Verbindung zwischen ihr und ihrem Menschen wert, auf so vieles zu verzichten? Gäbe es denn überhaupt eine Möglichkeit, mit ihr irgendwohin auszuwandern, wo sie so leben könnte, wie sie es liebte? Wir diskutierten über diese Fragen, und uns war klar, dass wir letztendlich keine Antworten finden würden. Und noch etwas war uns klar: Fengari blieb in Zukunft an der Schleppleine! Auch wenn uns das im Grunde traurig stimmte...

Wenn auch Sie einen Hund haben, der – zumindest für einen bestimmten Zeitraum – viel an der Schleppleine laufen muss, sollten Sie, wie schon erwähnt, unbedingt darauf achten, dass er an der Schleppleine *ausschließlich* mit einem Brustgeschirr geführt wird. Generell ist das Führen am Geschirr dem an einem Halsband vorzuziehen, wenn Ihr Hund aber an einer langen Leine hängt, ist es unabdingbar. Die Verletzungsgefahr, der ihr Hund ausgesetzt ist, wenn er mit fünf, zehn oder noch mehr Metern Anlauf in sein Halsband rennt und sich der gesamte Druck des Rucks auf Halswirbelsäule, Kehlkopf, Schilddrüse und Luftröhre verteilt, ist enorm hoch. Sie können das mit dem Aufprall vergleichen, der entsteht, wenn Sie mit Ihrem Wagen mit ca. 60 km/h auf ein anderes Auto auffahren! Bedenken Sie: Wir Menschen ziehen beim Autofahren den Sicherheitsgurt quer über den Brustkorb und wickeln ihn uns – aus gutem Grund! – nicht um den Hals...

VERSTECKSPIELE

Wenn Ihr Hund unaufmerksam ist, verstecken Sie sich und lassen Sie sich erst wieder blicken, wenn er richtig Angst bekommen hat." Wie oft habe ich diesen – äußerst dummen – Tipp schon gehört. Untersuchen wir einmal genauer, was passiert, wenn Sie sich verstecken, wenn Ihr Hund nicht auf Sie achtet, eventuell seiner Jagdleidenschaft nachgeht. Nehmen wir an, es handelt sich bei Ihrem Hund um einen mit normal ausgeprägtem Jagdtrieb, mit dem Sie gerade spazieren gehen. In dem Augenblick, in dem er nicht auf Sie achtet, verstecken Sie sich.

Variante A:

Sie haben einen selbstbewussten, erwachsenen Hund, der anfängt, Sie zu suchen und Sie dank der Fähigkeiten seiner Nase auch bald finden wird. Er hat gelernt: Gelegentlich machen wir ein nettes Versteckspiel, und mein Mensch freut sich auch, wenn ich ihn finde. Mit seinem Jagdverhalten hat das nichts zu tun.

Variante B:

Sie haben einen sehr selbstbewussten, erwachsenen Hund, dem es völlig egal ist, wie lange Sie in Ihrem Versteck ausharren. Zum Beispiel, weil Sie dieses „Spiel" so oft gespielt haben, dass es ihm zum Hals raushängt. Von ihm aus können Sie wo auch immer Wurzeln schlagen, während er seiner Jagdleidenschaft frönt und Sie anschließend zu Hause oder am Auto erwartet.

Das bedeutet übrigens (wie oft behauptet) nicht unbedingt, dass Ihr Hund eine schlechte Bindung an Sie hat. Es kann gut sein, dass er Sie überaus freudig begrüßt, wenn Sie sich nach gegebener Zeit (je nachdem, wie lange Sie in Ihrem Versteck bleiben oder er unterwegs ist) wieder treffen. Abends wird er sich selig an Sie kuscheln, wenn er mit Laufbewegungen und Fieplauten von seinen heute erlebten Abenteuern träumt.

Variante C:

Sie haben einen eher unsicheren, eventuell sogar ängstlichen Hund. Er lernt: Ich muss immerzu auf meinen Menschen aufpassen, sonst haut der ab, und ich bin allein. Das sowieso schon nicht sehr ausgeprägte Selbstbewusstsein dieses Hundes erhält einen zusätzlichen Knacks, er wird Sie bald auf Schritt und Tritt verfolgen, in ständiger Sorge, sonst von Ihnen verlassen zu werden. Wenn Sie nun glauben, daß sei doch gut, weil er dann nicht mehr wegläuft, sollten Ihnen die Nebenwirkungen dieser Methode bewusst sein: Ihr Hund wird psychisch immer abhängiger von Ihnen. Das kann so weit gehen, dass Sie kaum allein auf die Toilette gehen können oder dass Ihr Hund Trennungsängste entwickelt, wenn Sie ihn allein zu Hause lassen möchten.

Keinesfalls sollten Sie diese „Versteckspiele" mit einem Welpen machen! Ich bin immer wieder erschüttert, wenn ich höre, dass dies empfohlen wird. Ihr Welpe soll Ihnen vertrauen, soll sich darauf verlassen können, dass Sie für ihn da sind, sich um ihn kümmern und ihm als Zufluchtsort zur Verfügung stehen, wenn Gefahr droht. Stattdessen würden Sie mit seinen Verlassenheitsängsten „spielen".

DIESE ART VON VERSTECKSPIEL IST KEINE GUTE IDEE. MIT DEN VERLASSENHEITSÄNGSTEN EINES UNS ANVERTRAUTEN HUNDES ZU „SPIELEN", IST KEINE GEEIGNETE – UND SCHON GAR NICHT FAIRE – ÜBUNG.

Stellen Sie sich folgende Situation vor: Mehrere Mütter sitzen auf einer Bank auf einem Spielplatz. Im Sandkasten spielen ihre 1½- bis 3-jährigen Kinder. Diese gehen ganz und gar auf im Erfinden immer neuer Formen im Sand, entdecken eine Fantasiewelt, in die sie völlig eintauchen und alles um sich herum vergessen. Schließlich sagt eine Mutter zu der anderen: „Du, Dein Kind achtet nicht auf Dich. Versteck Dich doch mal schnell, mal schauen, was es tut, wenn es merkt, dass Du nicht mehr da bist." Daraufhin macht sich die angesprochene Mutter unbemerkt davon und ist hinter einem großen Baum verschwunden. Schließlich bemerkt dieses Kind nach einer gewissen Zeit, dass seine Mutter nicht mehr da ist. Zunächst schaut es erstaunt herum und sucht mit seinen kleinen Augen, wo die vertraute Gestalt seiner wichtigsten Bezugsperson zu finden ist. Schon nach wenigen Augenblicken weicht das Erstaunen der Angst, das Kind fängt an zu rufen und zu weinen, läuft umher und ruft nach seiner Mama. Da springt diese hinter dem Baum hervor und amüsiert sich mit den anderen Frauen königlich darüber, wie süß der kleine Fratz doch aussah, als er so verlassen und verzweifelt nach seiner Mutter gesucht hat.

Sie finden diese Szenerie entsetzlich? Sie fragen sich, wie man so etwas Grausames und Dummes nur tun könnte? Ja, mir geht es genauso. Auch bei Hundekindern.

Mit einem solchen Verhalten schafft man weder Vertrauen, noch Bindung, sondern nur Angst und Misstrauen – was denkbar schlechte Voraussetzungen für ein gemeinsames Arbeiten sind.

DAUERBESCHÄFTIGUNG

Eine andere Idee besteht darin, den Hund permanent zu beschäftigen und abzulenken, damit er schlichtweg keine Zeit hat, sich Spuren zu suchen oder sonst seiner Jagdpassion nachzugehen.

Grundsätzlich ist es zwar eine gute Idee, sich während eines Spaziergangs auch wirklich mit seinem Hund zu beschäftigen (vergleiche: kommunikatives Spazierengehen), übertreibt man die Sache aber, ist das Ergebnis nicht unbedingt ein sehr begeisterter oder gehorsamer, sondern eher ein enorm gestresster Hund. Das kann so weit gehen, dass er sich von seinem Besitzer entfernt, weil er einfach nur seine Ruhe haben will.

Auf einer geführten Hundewanderung im Bayerischen Wald sah ich vor Jahren ein sehr schönes Beispiel dafür. Eine junge Frau, die mit ihrem offensichtlich jagdlich hoch motivierten Hund an dieser Wanderung teilnahm, versuchte, diesen über Anweisungen unter Kontrolle zu halten. Das klang in etwa so:

„Benny, nein!" *(Der Hund schnüffelte am Wegesrand.)*
„Benny, fein!" *(Der Hund hatte aufgehört, am Wegesrand zu schnüffeln.)*
„Benny, nein!" *(Benny hatte in Richtung des Waldes geguckt.)*
„Benny, fein!" *(Benny hatte aufgehört, in Richtung des Waldes zu gucken.)*
„Benny, hol ein Stöckchen. Such ein Stöckchen. Ein Stöckchen, schnell..."

„Ich muss Benny immerzu beschäftigen, sonst ist er weg", sagte sie erklärend zu der Dame, die neben ihr lief.

„Benny, neiiiiin!" *(Benny wollte gerade auf eine Wiese rennen, auf der ein paar andere Hunde tobten, während sein Frauchen dachte, er wolle wildern gehen.)*
„Ach, Benny, ist schon o.k., Frauchen hatte sich geirrt, geh nur spielen." *(...sagte sie, als sie den Irrtum bemerkte.)*
„Benny, fein!" *(...sagte sie, als er vom Spielen zurückkam und...)*
„....Benny, nein!", als er mal wieder in Richtung des Dickichts um uns herum schaute.

So ging es mehr als eine Stunde, bis ein Teilnehmer sagte, er drehe ihr den Hals um, wenn er noch einmal „Benny, nein!" oder „Benny, fein!" hören würde. Als der Hund dann schließlich wirklich seitlich ausbrach und in wilder Jagd davonstürzte, waren wir uns alle einig, dass die Chance, dass er das aus reiner Verzweiflung tat, um ihr zu entkommen, bei mindestens 50% anzusiedeln war.

Auf meine Frage, warum Sie denn mit diesem jagdlich so hoch motivierten Hund überhaupt an einer
Wanderung durch eine der wildreichsten Gegenden
Europas teilnahm, antwortet sie, dies sei ja eben der
Grund, weshalb sie mitginge. Sie wolle mit dem Hund
üben. Ich gab zu bedenken, dass sie von ihrem Hund
das Abitur verlangte, bevor er die erste Klasse der
Grundschule absolviert hatte, denn sie hatte zuvor erzählt, dass sie ihn nicht einmal zu Hause im von nur
einigen Kaninchen frequentierten Stadtpark laufen
lassen konnte, ohne dass er weg war.

Das leuchtete ihr ein, gleichzeitig war sie ratlos,
was sie nun mit der Situation anfangen sollte, und
fragte mich, was ich an ihrer Stelle tun würde. Ich gab
ihr den Rat abzureisen – was sie am nächsten Tag
auch tat. Sicher die richtige Entscheidung, denn sie
war unglücklich, gestresst und überfordert und wurde
mit dem Hund immer ungeduldiger...

AUSLASTUNG AUF DER RENNBAHN

Gerade wenn Sie einen Windhund haben, ist Ihnen
eventuell schon nahegelegt worden, ihn auf der
Rennbahn laufen zu lassen, um ihn auszulasten. Wenn
Ihr Ziel ist, Ihren Hund auf Spaziergängen (zumindest
gelegentlich) frei laufen zu lassen, kann ich Ihnen hier-
von nur dringend abraten. Auf der Rennbahn jagt der
Hund einer Hasenattrappe nach, die in der Regel aus
echtem Fell besteht. Wie soll der Hund nun verstehen,
dass er diesem Hasen nachjagen darf und den anderen – draußen in freier Natur – nicht?

Denken Sie auch an die hohe Adrenalinausschüttung während des Hetzvorganges.

Ihr Hund wird extrem hoch gepowert und beutefixiert,
und Sie werden erhebliche Probleme haben, ihn auf
Spaziergängen unter Kontrolle zu halten, sofern dies
überhaupt noch möglich ist.

LÖSCHEN/ EXTINKTION

In der Verhaltensforschung spricht man dann von der Löschung eines Verhaltens, wenn ein zuvor vom Hund erlerntes Verhalten von ihm wieder eingestellt wird. Das ist in der Regel dann der Fall, wenn dieses Verhalten zu keinerlei Vorteilen mehr für das Tier führt.

Beispiel: Ein Hund bettelt immer am Tisch, wenn sich die Familie zum Essen hinsetzt. Meistens ist diese Strategie erfolgreich, weil er früher oder später etwas bekommt. Nun beschließt die Familie, dass dieses Betteln lästig ist und deshalb ab sofort niemand mehr den Hund vom Tisch füttert. Wird diese Absprache peinlich genau und zu jedem Zeitpunkt eingehalten, wird er auch tatsächlich bald aufhören zu betteln. Er lernt, dass die vorher Erfolg versprechende Verhaltensstrategie nun erfolglos und somit sinnlos ist. Deshalb wird sie eingestellt, der Hund bettelt nicht mehr am Tisch.

Beim Jagdverhalten funktioniert das allerdings nicht. Denn wir befinden uns, wie schon gesagt, im Bereich des instinktgesteuerten, genetisch fixierten Verhaltens, das man nicht löschen kann. Nachdem man den Auslösereiz (Anblick von Wild, Spuren/ Gerüchen, Geräuschen) dieses Instinktverhaltens nicht *immer* vermeiden kann, wird der Hund zumindest ab und zu Erfolg haben, und sei es nur, dass er einer Spur nachgeht oder Witterung aufnimmt. Während er dies tut, setzt die selbstbelohnende Handlung schon ein, und somit verlassen wir das für die Löschung so wichtige Schema der „niemals-wieder-Erfolg-Möglichkeit".

GEWÖHNUNG

Bei der Gewöhnung geht man davon aus, dass ein Reiz an Bedeutung verliert, weil er weder Vor- noch Nachteile bringt. Ein Beispiel: Eine Familie mit einem Cockerspaniel zieht in ein Haus, das nahe der Bahnlinie gebaut ist. Als der Hund im Garten liegt, fährt ein Zug vorbei. Durch den vom Zug verursachten Lärm erschrickt der Hund, der dieses Geräusch nicht gewöhnt ist. Im Laufe der nächsten Tage fahren immer wieder Züge vorbei, und schon nach kurzer Zeit sehen wir, wie der Hund völlig unbeeindruckt von dem Krach in aller Ruhe auf der Terrasse liegt und döst. Längst hat er abgespeichert (gelernt), dass das Vorbeifahren der Züge keinerlei Konsequenzen für ihn hat. Er hat sich an das Geräusch gewöhnt und reagiert nicht mehr darauf.

Die Frage, ob man einen Hund zum Beispiel durch den häufigen/ permanenten Anblick von Wild an die Tiere gewöhnen kann, so dass es zu keinerlei Reaktion mehr darauf kommt, ist gar nicht so einfach mit „ja" oder „nein" zu beantworten. So empfiehlt zum Beispiel Hallgren in seinem Buch „Gute Arbeit!", den Hund an den Anblick von sich schnell von ihm fortbewegenden Gegenständen (Beuteschema) zu gewöhnen, indem man sie an einem Faden hängend vor dem Hund hin und her zieht und gleichzeitig einübt, dass er trotz dieser Ablenkung auf seine Kommandowörter reagiert. Sicher ein sinnvoller und logischer Ansatz.

Glaubt man jedoch, man könne den Hund durch langes Beobachten eines Beutetieres davon abhalten, es schließlich zu jagen, wird man schnell eines Besseren belehrt. So einfach ist die Sache nicht, denn beim Jagdverhalten handelt es sich nicht um *erlernte* Schlüsselreize, sondern um *angeborene* Auslösemechanismen. Das bedeutet: Schon der Anblick von Beute löst im Hund den Beginn der gesamten Verhaltenskette aus, und die ist wieder selbstbelohnend. Daher funktioniert das Training über Gewöhnung nicht.

VERMEIDUNGSTAKTIK

In gewissem Maße ist es sinnvoll, die Vermeidungstaktik anzuwenden. Mit anderen Worten: Habe ich einen jagdlich motivierten Hund, so gehe ich zum Beispiel nicht morgens bei taufrischen Spuren quer durch einen Wald, in dem sich viele Beutetiere befinden. Jagt mein Hund Katzen, besuche ich nicht *die* Freundin mit ihm, die drei davon im Garten herumlaufen hat, usw.

Aber wir stoßen schnell an unsere Grenzen. Es gibt kaum einen Ort, an dem nicht irgendein Auslösefaktor zu finden ist. Der Marder im Ortsbereich, die Kaninchen im Stadtpark, die Katzen im Wohnviertel, die Vögel auf den Feldern usw. usw.

Auch der Tipp, möglichst immer alles zuerst wahrzunehmen, stößt schnell an seine Grenzen, wenn wir die Sinnesleistungen unserer Hunde bedenken, die den unseren auf praktisch allen Gebieten überlegen sind. Wir sehen (zumindest wenn es um Beuteschemata geht) schlechter, wir hören schlechter, wir reagieren langsamer und unsere Geruchsleistung mag man mit der ihren gar nicht vergleichen.

Mit anderen Worten: Natürlich setzen wir die Vermeidungstaktik ein, wo immer möglich. Aber oft ist dies unmöglich... ☹

ALS VERMEIDUNGSTAKTIK NUR NOCH IM ORTSBEREICH SPAZIEREN ZU GEHEN, IST KEINE LÖSUNG, DENN AUCH HIER GIBT ES ZAHLREICHE POTENTIELLE BEUTETIERE.

DER EINSATZ VON LITHIUMSALZEN

Diese Methode wurde von Mitarbeitern des American Wildlife Projects entwickelt, um Wölfe davon abzuhalten, Schafe anzugreifen, da dies zu erheblichen Problemen mit den Schafzüchtern führt, die den Wiederansiedelungsprojekten der Wölfe ohnehin sehr skeptisch bis feindlich gegenüberstehen.

Es wird mit Lithiumsalzen präpariertes Schaffleisch ausgelegt, das die Wölfe schließlich finden und fressen. Lithium löst einen enormen Brechreiz aus, der sich über Tage hinziehen kann. Zusätzlich leidet das Tier an Durchfall und starkem Durstgefühl. Die gewünschte Lernverknüpfung beim Wolf soll sein, dass er Schaffleisch (also Schafe) zukünftig meidet, weil er gelernt hat, dass diese Nahrung ungenießbar ist und zu erheblichem Unwohlsein führt.

Das Problem dabei ist, dass der ausgelöste Brechreiz so immens sein kann, dass ein altes, schwaches oder krankes Tier ihn gar nicht oder nur mit erheblichen gesundheitlichen Problemen überlebt. Zusätzlich kann es bei hoher Dosis (und die wird beim Einsatz empfohlen) zu Herzrhythmusstörungen, Veränderungen im EKG, Nierenschäden und zerebralen Krampfanfällen führen!

Ob diese drastische Abschreckungsmaßnahme für die Wiedereingliederung des Wolfes in seinen ursprünglichen Lebensraum vertretbar und richtig ist, vermag ich nicht zu beurteilen. Bei unseren Haushunden ist sie es mit Sicherheit nicht.

Hinzu kommt noch das erhebliche Problem, dass man dieses gesundheitsschädliche und evtl. lebensgefährliche Procedere gleich mehrfach zur Anwendung bringen müsste, weil es ja verschiedene Beutetiere wie Hasen, Rehe, Eichhörnchen, Katzen usw. gibt, was viel zu gefährlich für den Hund wäre. Trotzdem kommt es immer wieder vor, dass diese Methode empfohlen wird. Man kann nur annehmen, dass die Trainer, die dies tun, einfach nicht ausreichend über die Risiken informiert sind.

DAS „OPFER" WEHRT SICH

Wenn Sie einen Hund haben, der Katzen, Kleintiere, Rehe oder andere Tiere jagt, ist Ihnen vielleicht auch schon einmal der Rat gegeben worden, ihn mit einem „echten Kampfkater", einem mürrischen Ziegenbock oder einer angriffslustigen Gans zu konfrontieren. Solchen Empfehlungen liegt die Idee zugrunde, dass sich der Hund einen Angriff gegen ein solches Tier in Zukunft gut überlegen wird und seine Motivation, sich diesem zu nähern, extrem sinkt, wenn er von einem solchen Tier angegriffen und richtig „vermöbelt" worden ist.

Abgesehen davon, dass ich es moralisch äußerst schwierig zu vertreten finde, zwei Lebewesen, die sich erheblich gegenseitig verletzen können, auch noch ganz bewusst aufeinander loszulassen, weiß man nicht, wie schwer die Verletzungen sein werden, die die Tiere aus dieser Auseinandersetzung davontragen werden. Hier ein paar Beispiele der letzten Jahre, die verdeutlichen sollen, was ich meine:

GÄNSE KÖNNEN EINEM HUND DURCHAUS GEFÄHRLICH WERDEN. MIT IHREN SCHNÄBELN KÖNNEN SIE ERHEBLICHE QUETSCHUNGEN MIT BLUTERGÜSSEN VERURSACHEN.

Jacko, ein Golden Retriever, der ein leidenschaftlicher Katzenjäger war, stellte eines Tages den Kater des Nachbarn. Beide Tiere standen sich kampfbereit gegenüber, und Jackos Frauchen hätte durchaus noch die Gelegenheit gehabt, ihn mit einem beherzten Griff zurückzuziehen. Der Nachbar meinte jedoch, dass sich sein Kater schon zu helfen wisse und Jacko solle sich mal ruhig eine Abreibung abholen, dann werde er zukünftig sicher einen Bogen um alle Katzen machen. Diese Aussicht fand sein Frauchen so verlockend, dass sie es tatsächlich auf einen Kampf ankommen ließ. Als die Tiere mit lautem Fauchen und Knurren und in wildem Getümmel aufeinander losgingen, schwante ihr schon, dass dies doch keine so gute Idee war. Die Kampfgeräusche klangen fürchterlich, und keiner der beiden schien nachzugeben. Schließlich hörte sie ihren Hund laut aufschreien und entschied sich dazwischenzugehen. Beide Tiere hatten einige Blessuren davongetragen. Der Kater hatte „nur" einen deutlichen Schock und einige wenige Schrammen. Jacko hatte es im Gesichtsbereich besonders schlimm erwischt – er verlor ein Auge, das trotz intensiver tierärztlicher Bemühungen nicht mehr zu retten war. Jackos Besitzerin sagt heute, dass sie sich für ihr Verhalten und ihre Dummheit sehr schäme. Der Besitzer des Katers sagt, es hätte niemand voraussehen können, dass es so schlimm endet. Jacko hasst Katzen mehr als je zuvor und versucht bei jeder sich bietenden Gelegenheit, eine zu erwischen.

Betty, eine Deutsch-Kurzhaar-Hündin, hatte eine ähnliche Begegnung wie Jacko. Als sie fünf Jahre alt war, stand sie einem Kater gegenüber, der sie – mit dem Rücken zur Stallwand stehend – gefährlich anfauchte. Auch hier waren die Besitzer der Meinung, die beiden machten das schon unter sich aus, ein ausgewachsener Kater wisse sich schon zu helfen und Betty solle sich ruhig mal eine Tracht Prügel abholen, dann werde sie Katzen in Zukunft in Ruhe lassen. Betty kriegte einige Kratzer bei dem folgenden Kampf ab – und tötete den Kater.

Die Besitzer von **Freddy**, einem Doggenmischling, hielten auch drei Ponys, die auf einer kleinen Koppel am Haus lebten. Tagsüber durften die kleinen Pferde auch im sehr großen Garten herumlaufen, was sie regelmäßig dazu nutzen, den jungen Hund durch den Garten zu scheuchen und sogar heftig nach ihm auszuschlagen. Die Besitzerin erzählte mir amüsiert, dass der kleine Ponyhengst Freddy regelrecht anfixieren würde, um ihm dann nachzustellen und ihn in wilder Jagd durch den Garten zu hetzen. Ab und zu habe er schon mal einen Tritt oder einen kleinen Biss abbekommen, aber nichts Ernstes. Freddy würde immer in Panik flüchten, sobald eines der Ponys zu nahe käme, und das sei auch ganz gut so, denn dann würde er gleich lernen, Respekt vor ihnen zu haben und ihnen aus dem Weg zu gehen. Ich warnte sie eindringlich davor, die Dinge weiter so laufen zu lassen. Ich erklärte ihr, dass ihr Hund wirklich schwer verletzt werden könnte, wenn er einem der gezielten Tritte einmal nicht rechtzeitig ausweichen konnte. Die folgenden Wochen und Monate zeigten, dass sie meine Warnung nicht ernst nahm, denn alles lief wie gehabt. Es kam allerdings anders, als ich befürchtet hatte.

Freddy wuchs zu stattlicher Größe und hatte enorme Kraft. Trafen wir uns bei Spaziergängen, sah ich immer zu, dass seine stürmischen Begrüßungen und Liebesbezeugungen nicht so ausarteten, dass ich hinterher blaue Flecken hatte. Im Alter von 14 Monaten war er fast so groß wie eine Dogge, aber deutlich kräftiger, und ich witzelte oft mit Freunden, dass Freddy wohl eine Mischung aus Dogge und Elefant sei, anders sei seine kräftige Statur kaum zu erklären. Er hatte ein freundliches Wesen, war gut sozialisiert mit Artgenossen und Menschen, manchmal (dem Alter entsprechend...) etwas zu ungestüm, aber sonst gut erzogen – und flüchtete immer noch panisch vor den Ponys, wenn diese frei im Garten herumliefen.

Als Freddy 1 ½ Jahre alt war, muss er dann wohl beschlossen haben, dass es nun an der Zeit sei, sich zu wehren. Als sein Besitzer morgens in die Küche kam, entdeckte er Blutspuren am Hund und auf dem Fußboden. Erschrocken untersuchte er Freddy, konnte aber keine Verletzungen feststellen. Er konnte sich die Sache nicht erklären und schaute durch die im Sommer immer offen stehende Terrassentür nach draußen, um vielleicht im Garten irgendwelche Anzeichen für einen Kampf oder Ähnliches zu finden. Aber alles war ruhig und friedlich. Er vermutete sogar schon, Freddy habe vielleicht einen Einbrecher vertrieben oder einen Marder getötet – aber für keine dieser Theorien fanden sich irgendwelche handfesten Beweise. Da es dem Hund aber gut ging, kochte er sich zunächst einen Kaffee und ging dann zum Stall, um die Ponys herauszulassen. Der Anblick, der sich ihm dort bot, glich wirklich einem Gemetzel. Der Ponyhengst und die ältere Stute waren tot. Sie lagen mit aufgerissenen Kehlen und Bäuchen und zahlreichen weiteren Verletzungen in ihrem Blut. Die jüngere Stute, die Tochter der beiden, stand völlig verstört und mit mehreren schweren Bisswunden in einer der Ecken. Nachdem der eilig herbeigerufene Tierarzt sie versorgt hatte, klingelte das Telefon bei mir in der Hundeschule. Aufgeregt wurde mir die ganze Geschichte erzählt, und auf meine Frage, wie sie auf die Situation reagiert hätten, sagten die Besitzer, sie hätten Freddy zum Ponystall gezerrt, ihm dort noch einmal gezeigt, was er angerichtet habe, und ihn dann ordentlich mit der Leine verdroschen. Sie seien entsetzt über sein Verhalten und wollten ihn auf keinen Fall behalten. Würde er bleiben, hätten sie jedes Mal, wenn sie ihn anschauten, die in ihrem Blut liegenden Ponys vor Augen. Sie würden mich bitten, Freddy noch heute abzuholen. Wenn ich bei anderen Menschen ein neues Zuhause für ihn suche, solle ich denen aber reinen Wein über den Killerinstinkt dieses Hundes einschenken.

Ich fuhr sofort zu dem Haus und holte Freddy ab. Er war ziemlich verstört, aber sonst freundlich wie immer und sprang ohne viel Aufhebens in mein Auto. Seine Besitzer heulten die ganze Zeit, lehnten es aber ab, sich von ihm zu verabschieden oder sich die Sache noch einmal in Ruhe zu überlegen. Ich gab zu bedenken, dass sie ja nicht ganz unschuldig an dem dramatischen Ausgang der Geschichte zwischen den Ponys und dem Hund seien – was beide aber nicht so sahen. Ich habe Freddy ein paar Wochen später zu wirklich netten Leuten vermittelt, die nun schon seit Jahren mit ihrem „Kalb" (zärtlicher Kosename für Freddy) zusammenleben. Er ist ein sehr lieber Hund, der mit allen Menschen freundlich umgeht und auch mit Artgenossen und anderen Tieren gut klar kommt. Nur mit Ponys und Pferden „habe er keinen Vertrag", sagen seine Besitzer. Denen weiche er im großen Bogen aus und schaue, dass er weiterkomme.

DER SCHUSS MIT DEM LUFTGEWEHR

Den wohl unglaublichsten Tipp, wie mit einem Hund umzugehen sei, dessen Jagdtrieb auch unter Anwendung eines Reizstromgerätes nicht in den Griff zu kriegen ist, fand ich in Erik Zimens Buch „Der Hund". Er empfiehlt einen gezielten Schuss auf den Hund mit einem Luftgewehr. So schreibt er:

„Lange blieb der Freiheitsdrang der Hunde dadurch (Anmerkung: die Anwendung des Reizstromgerätes) nicht gedämpft. Als er sich erneut meldete, empfahl mir ein Freund und guter Hundeführer das Luftgewehr: Leise, treffsicher und auf einen Abstand von 50 m völlig ungefährlich, würde es wahre Wunder bewirken. Probeschüsse auf ein Holzbrett zeigten, dass er zumindest im Hinblick auf mögliche Verletzungen beim Einhalten dieses Abstandes Recht hatte. Und der erste Treffer ins Hinterteil des durch eine gezielte Unaufmerksamkeit meinerseits zum Weglaufen provozierten Raas hatte auch durchaus günstige Folgen. Einige Wochen lang war wieder Ruhe. (...) So trage ich stets das Luftgewehr bei mir, wenn ich mit den Hunden auf dem Hofgelände unterwegs bin. Und solange ich das Gewehr trage, bleiben sie auch dicht bei mir. Sogar wenn ich es, für die Hunde unbemerkt, im Heu verstecke, laufen sie nicht weg. Ich kann den Stall entmisten, mit den Pferden sprechen, ihnen Heu geben und mich so verhalten, als ob ich die Hunde völlig vergessen hätte: Raas und Pfiff scheinen genau zu wissen, dass ich dieses Gerät in der Nähe habe, bei dessen Knall manchmal solch ein stechender Schmerz im Hintern zu spüren ist."

Für den waffentechnischen Laien: Luftgewehre dienen dem Abschuss von Vögeln, es entstehen Verletzungen, die in der Regel den Tod des Tieres zur Folge haben. Ein Waffenhändler in einem Fachgeschäft für jagdliches Zubehör erklärte mir auf Nachfrage, dass beim Schuss auf einen Hund durchaus eine Verletzung entsteht, die tiermedizinischer Versorgung bedarf. Er sagte auch, ich könne aber beruhigt sein, da kein vernünftiger und verantwortungsbewusster Mensch so etwas tun würde...

Wie folgendes Beispiel zeigt, kann es abgesehen von der Schusswunde auch hier beim Hund zu gedanklichen Verknüpfungen kommen, die seine Psyche belasten und im Alltag erhebliche Probleme bereiten können. Der Rüde einer Freundin wurde im Alter von zwei Jahren versehentlich durch einen Schuss mit einem Luftgewehr leicht verletzt. Die Wunde wurde behandelt und war schnell verheilt. Seit diesem Erlebnis hat der Hund allerdings eine erhebliche Schussangst entwickelt, die sich auch auf andere knallende und/oder laute Geräusche generalisiert hat. Trotz intensiven Trainings begleitet den inzwischen zehn Jahre alten Rüden diese Angst noch immer!

Mag man Zimen auch zugute halten, dass er den Jagdtrieb seiner Hunde in erster Linie aus Angst um sie unter Kontrolle bringen wollte (laut seinen Beschreibungen waren sie schon von Jägerkollegen angeschossen worden und hatten sich verletzt nach Hause geschleppt), so muss doch klar gesagt werden, dass solche Tipps die Grenze der Tierschutzrelevanz klar überschreiten.

GEDANKEN ZUM SCHLUSS

Es scheint also so, als würde das von uns Menschen unerwünschte Jagdverhalten unserer Haushunde den Einsatz aller möglichen, teilweise unsinnigen, teilweise brutalen bis tierschutzrelevanten Methoden rechtfertigen, weil angeblich nichts anderes hilft. Meistens kommt dieses Argument von denen, die noch nie etwas anderes als Schmerz- und Schreckeinwirkung oder lebenslängliches Führen an der Leine ausprobiert haben.

Denken Sie immer daran: Ihr Hund ist Ihnen anvertraut, Sie sind verantwortlich für sein Wohlergehen. Lassen Sie sich von niemandem einreden, dass es irgendeine Rechtfertigung dafür gäbe, ihm erhebliche Schmerzen und/ oder Angst zuzufügen. Wird Ihnen eine Trainingsmethode vorgestellt, so fragen Sie sich immer, ob Sie als Hund so behandelt werden möchten – wenn diese Frage nicht eindeutig und ohne flaues „Bauchgefühl" mit „Ja!" beantwortet werden kann, lassen Sie es. Werden Ihnen Gerätschaften vorgestellt, so probieren Sie diese an sich selbst aus, wenn Sie nicht sicher sind, ob sie wirklich so harmlos sind, wie vom Hersteller oder Anwender beschrieben. Wenn Sie schon bei dem Gedanken daran ein ungutes Gefühl haben, sollten Sie es auch nicht erlauben, dass es an Ihrem Hund angewendet wird.

Ich arbeite mit dem in diesem Buch vorgestellten Trainingsprogramm seit vielen Jahren und habe es immer wieder überprüft und ergänzt. Ich möchte Sie von ganzem Herzen ermutigen, es auszuprobieren. Es verzichtet auf den Einsatz aversiver Reize und führt (bis auf ganz wenige Ausnahmen) zum gewünschten Erfolg. Viele Hunde, bei denen angeblich nichts zu machen war, laufen wieder frei und können von ihren Besitzern kontrolliert werden.

Es erfordert Geduld, Beharrlichkeit und Konsequenz, Einfühlungsvermögen, eine gute Beobachtungsgabe und die Bereitschaft, über Hunde und ihre artspezifischen Verhaltensweisen zu lernen. Für die Mühe, die Sie investieren, werden Sie dadurch belohnt, dass Sie Ihren Hund immer besser verstehen und dadurch immer mehr Gemeinsamkeit schaffen.

Schon bald werden Sie die ersten Erfolge verbuchen können. Stellen Sie sich aber darauf ein, dass es auch Rückschritte geben wird. Verzweifeln Sie dann nicht, sondern suchen Sie mit Hilfe des geführten Trainingstagebuches die Fehlerquellen und arbeiten Sie nach. Das Training hört niemals auf, und schon allein deshalb sollten Sie es so gestalten, dass es Ihnen und Ihrem Hund auch Spaß macht.

Wenn sich die ersten Erfolge einstellen und Ihr Hund lieber mit Ihnen geht, als einer Spur nachzusetzen, so ist dies wahrscheinlich das größte Geschenk, das er Ihnen machen kann. Hierfür lohnt sich alle Mühe. Im Zusammenleben mit meinen Hunden sind dies die goldenen Momente tiefer Verbundenheit.

Ich wünsche Ihnen und Ihrem Hund viel Erfolg und vor allem viele schöne Stunden während des Trainings.

DANK

Ich danke allen Hunden, von denen ich unendlich viel gelernt habe. Aus ihrer Beobachtung und aus dem Arbeiten mit ihnen stammen die meisten Ideen und Elemente des Trainingsprogramms, das in diesem Buch beschrieben ist. Besonders erwähnenswert sind

- Debbie, deren Jagdleidenschaft gegenüber Wasservögeln mich an den Rand der Verzweiflung trieb, bis sie sich schließlich doch vom Ufer abrufen ließ – welch ein Augenblick der Freude und des Triumphs nach wochenlangem zermürbendem Training voller Zweifel über die Richtigkeit dieses Programms.

- Chenook, der mit ausgeprägtem Jagdtrieb im Alter von 2 ½ Jahren zu mir kam und heute meine Gesellschaft der von Rehen und Hasen vorzieht – was für ein Freundschaftsbeweis!

- Shorty, eine Mischung aus Chihuahua und Shiba Inu, ein echter Feger, der mir beigebracht hat, dass dieses Training niemals abgeschlossen ist. Wochenlang läuft es super – und dann saust er in den Wald, taucht erst nach einer Viertelstunde wieder auf und lässt mich demütig erkennen, dass wir wieder trainieren müssen. Dann geht's wieder für ein paar Wochen – oder auch Monate. Er lässt mich immer besser darin werden, die Zeichen für den richtigen Zeitpunkt zum Nachtrainieren zu erkennen.

- Jule, auch sie eine treue Begleiterin, die mich auf die Idee mit dem Würstchenbaum brachte.

- Fengari, die mich durch ihr Verhalten tief beeindruckt hat und mich viel darüber zum Nachdenken brachte, wie weit wir in die instinktiven Verhaltensweisen unserer Haushunde eingreifen können und dürfen.

- Elsa, die mich seit ihrer Jugend begleitet und keinen Gedanken an Rehe oder andere Beutetiere verschwendet, wenn wir gemeinsam unterwegs sind.

ÜBER DIE AUTORIN

Clarissa v. Reinhardt lebt und arbeitet seit mehr als zwanzig Jahren mit Hunden. 1993 gründete sie ihre eigene Hundeschule animal learn. Den Namen wählte sie als Wortspiel, das in dreierlei Hinsicht genutzt werden kann: Tiere lernen, über Tiere lernen und von Tieren lernen. Genau das möchte sie erreichen: ein vertrauensvolles Miteinander im Leben und gemeinsamen Lernen.

1994 gründete sie ein Seminarzentrum, das jährlich 20 – 30 kynologische Fachseminare ausrichtet. Der Höhepunkt der Veranstaltungen ist das jährlich im November stattfindende Internationale Hundesymposium, zu dem Referenten aus aller Welt anreisen und das eine ideale Plattform zur Weiterbildung und zum kollegialen Austausch bietet.

1995 konzipierte sie einen Ausbildungslehrgang für Hundetrainer, der seitdem regen Zulauf findet. Die Absolventen werden innerhalb von 1½ Jahren intensiv geschult und auf den Beruf des Hundetrainers vorbereitet. Nach erfolgreich bestandener Abschlussprüfung tragen sie die Idee eines gewaltfreien Ausbildungskonzeptes in ihren eigenen Hundeschulen oder bei ihrer Arbeit im Tierschutz weiter.

2000 gründete sie den animal learn Verlag, der sich weitgehend auf kynologische Fachliteratur spezialisiert und sich im gesamten deutschsprachigen Raum größter Beliebtheit erfreut. Er gilt als Garant für weltweit angesehene und hoch qualifizierte Autoren wie Turid Rugaas, Prof. Ray Coppinger, James O'Heare, Barry Eaton, Dorothée Schneider, Cindy Engel, Marc Bekoff und viele weitere.

Clarissa v. Reinhardt selbst schrieb die Bücher „Stress bei Hunden" und „Calming Signals Workbook" (beide gemeinsam mit Martina Scholz), die inzwischen in mehrere Sprachen übersetzt wurden. Sie ist eine gefragte Dozentin im In- und Ausland, die sich auf ihren Vorträgen und Seminaren für einen gewaltfreien und fairen Umgang mit Hunden stark macht.

Ihr Fachwissen und Können stellt sie aber auch in den Dienst des Tierschutzes. Seit 2000 leitet sie den Tierschutzverein „Häuser der Hoffnung e.V.", der sich um in Not geratene Hunde, Katzen und Pferde kümmert. Sie entwickelt neue Konzepte für die Unterbringung von Hunden in Tierheimen und deren erfolgreiche Vermittlung in ein neues Zuhause.

LITERATURHINWEISE

RÜCKENPROBLEME BEIM HUND
Untersuchungsreport

Anders Hallgren

Anders Hallgren, der bekannte Psychologe und Hundetrainer aus Schweden, beschreibt in dieser Studie ausführlich die Auswirkungen von Rückenproblemen, anderen Gelenkerkrankungen und damit verbundenen Schmerzen auf das Wesen und Verhalten unserer Hunde.

Er berichtet ausführlich über mögliche Ursachen und gibt wertvolle Ratschläge, welche Behandlungsmethoden bei der Heilung oder Linderung Erfolg versprechend sind. Er weist auch darauf hin, welche Präventivmaßnahmen jeder Hundebesitzer ergreifen kann, damit sein Tier gesund und fit bleibt.

Ein wertvoller Ratgeber für jeden, der mit Hunden lebt und arbeitet.

Paperback, 54 Seiten, ISBN 3-936188-05-X, Preis: EUR 7,50

SPURENSUCHE
Nasenarbeit Schritt für Schritt

Anne Lill Kvam

Anne Lill Kvams Passion für die Arbeit mit Hunden begann 1986 mit der Ausbildung ihres eigenen Hundes für den Such- und Rettungsdienst. Nach einer erfolgreich abgeschlossenen Trainerausbildung bei Turid Rugaas arbeitet sie seit 1996 hauptberuflich als Hundetrainerin.

Von 1997 bis 2000 war sie im Auftrag der Hilfsorganisation „Norwegian Peoples Aid" in Angola, um Minenspürhunde auszubilden. Dort war sie für das Training der Hunde und Hundeführer verantwortlich und überwachte die Minenräumung. Seit ihrer Rückkehr ist sie eine gefragte Referentin im In- und Ausland und leitet in Norwegen ihre eigene Hundeschule.

Ihr Spezialgebiet ist die Nasenarbeit. Kaum ein anderes Aufgabengebiet ermöglicht dem Hund, seine Instinkte und natürlichen Fähigkeiten in einem vom Halter gewünschten und akzeptierten Rahmen auszuleben. Das Ergebnis sind ausgeglichene, zufriedene Hunde in einem gut eingespielten Team mit ihren Menschen. Durch die intensive Zusammenarbeit zwischen Hund und Halter während der Arbeit haben viele Hundebesitzer ein neues Verständnis für ihre vierbeinigen Begleiter und deren einzigartige Fähigkeiten entwickelt.

Dieses Buch stellt die verschiedenen Ausbildungsmöglichkeiten im Bereich der Sucharbeit vor und führt Schritt für Schritt durch ein Übungsprogramm, das mit Fantasie und Freude zum angestrebten Trainingsziel führt.

Hardcover, 144 Seiten mit zahlreichen farbigen Abbildungen,

ISBN 3-936188-20-3, Preis: EUR 19,90

GRUNDLAGEN EINER TIERSCHUTZGERECHTEN AUSBILDUNG VON HUNDEN

Gutachten zur Verwendung von Elektroreizgeräten bei der Ausbildung von Hunden aus ethischer und ethologischer Sicht
von Prof. Dr. Gotthard M. Teutsch und Dr. Dorit Urd Feddersen-Petersen

Verband für das Deutsche Hundewesen (Hrsg.)

Paperback, 74 Seiten, ISBN 3-9801545-3-X
zu bestellen beim Pfotenversand unter www.pfotenversand.de

HUNDE
Neue Erkenntnisse über Herkunft, Verhalten und Evolution der Kaniden

Ray und Lorna Coppinger

Die Biologen, Züchter, Trainer und erfolgreichen Schlittenhundeführer Ray und Lorna Coppinger blicken auf mehr als vier Jahrzehnte Erfahrung mit Hunden zurück. Am Beispiel von acht verschiedenen Hundetypen – nämlich Familienhund, Dorfhund, Herdenschutzhund, Hütehund, Schlittenhund, Vorstehhund, Apportierhund und Spürhund – geben sie einen wissenschaftlich fundierten Einblick in das Leben der Hunde und ihrer Beziehung zum Menschen. Die Autoren erklären, warum ihrer Meinung nach der Hund weder direkt vom Wolf abstammt, noch von den Menschen der Frühzeit gezähmt wurde; Hunde domestizierten sich vielmehr selbst, um eine neue ökologische Nische zu nutzen: die Abfallhaufen der mesolithischen Dörfer.
Durch ihre genauen und lebendigen Beschreibungen geben sie dem Leser das Gefühl, bei den einzelnen Entwicklungsstufen als stiller Beobachter dabei zu sein. Gleichzeitig scheuen sie sich nicht, die heutige Hundehaltung auch kritisch zu betrachten und Fragen über den Sinn und Unsinn der Rassezucht zu diskutieren.
Dieses Buch steckt voller wissenschaftlicher Ergebnisse und persönlicher Erfahrungen und ist spannend bis zur letzten Zeile!
Hardcover, 372 Seiten mit zahlreichen farbigen Abbildungen,
ISBN 3-936188-07-6, Preis: EUR 34,–

Würde das Gebet eines Hundes erhört …

ES WÜRDE KNOCHEN VOM HIMMEL REGNEN
Über die Vertiefung unserer Beziehung zu Hunden

Suzanne Clothier

Suzanne Clothier betrachtet das Zusammenleben von Menschen und ihren Hunden auf völlig neue Art und Weise. Basierend auf ihrer langjährigen Erfahrung als Trainerin gewährt sie uns neue und oft ganz erstaunliche Einblicke in die verborgene Welt unserer Tiere – und in uns selbst.

Behutsam, mit Intelligenz, Humor und unerschöpflicher Geduld lehrt uns Suzanne Clothier, die Denkweise und das Wesen eines anderen Lebewesens wirklich zu verstehen. Sie werden entdecken, wie Hunde die Welt aus ihrer einzigartigen hundlichen Sicht wahrnehmen, wie wir ihrem Bedürfnis nach Führung ohne Gewalt und Zwang gerecht werden können und wie die Gesetzmäßigkeiten der Hundewelt uns und unserer auf Menschen ausgerichteten Welt widersprechen.

Geführt von einer außergewöhnlichen Frau lernen wir, wie wir eine besondere Beziehung zu einem anderen Lebewesen aufbauen können und dadurch ein unvergleichliches Geschenk erhalten: eine tief empfundene, lebenslange Verbindung mit dem von uns geliebten Hund.

Hardcover, 360 Seiten, ISBN 3-936188-15-7, Preis: EUR 26,–

DIE WELT IN SEINEM KOPF
Über das Lernverhalten von Hunden

Dorothée Schneider

Dorothée Schneider konnte in ihrer über 20-jährigen Tätigkeit als Trainerin einen weitgreifenden, positiven Wandel in der Hundeszene miterleben: Veraltete Ausbildungsmethoden, die den Hund mit Drill und Härte in ein gewünschtes Verhalten zwingen, sind passé. Die gewaltfreie Ausbildung und Erziehung unter Berücksichtigung rassespezifischer Verhaltensweisen ist heute in aller Munde und setzt neue Maßstäbe für ein harmonisches Miteinander zwischen Mensch und Hund.

Trotzdem ist ein kritischer Blick auf die vielen unterschiedlichen Methoden, die zum Einsatz kommen, angebracht. Dabei ist es ungeheuer spannend und hilfreich zu wissen, wie der Hund überhaupt lernt und was sich in seinem Kopf dabei abspielt.

Das vorliegende Buch vermittelt auf anschauliche und verständliche Weise dieses Fachwissen rund um das Thema Lernen bei Hund und Halter. Mit diesem Wissen sind Sie in der Lage, Methoden und Trainingsanweisungen auf ihre biologische Stimmigkeit hin zu überprüfen. Ist das Training „gehirngerecht" aufgebaut? Stimmt die angebotene Ausbildungsmethode mit dem Wesen Ihres Hundes überein? Hat der Hund Spaß an seinem Training? Dieses Buch hilft Ihnen außerdem, die Arbeit einer Hundeschule oder eines Trainers fachlich zu beurteilen und Ihren Hund so vor unsinnigen Übungsanleitungen, überzogener Strenge und falsch gesteckten Trainingszielen zu bewahren.

Hardcover, 168 Seiten, mit zahlreichen farbigen Fotos und Illustrationen,
ISBN 3-936188-19-X, Preis: EUR 19,–